机器人操作的机器学习理论
——从拟人操作到技巧迁移

丁希仑 著

科学出版社

北京

内 容 简 介

本书从机械臂的拟人化操作机理、运动规划与任务规划、技巧迁移方法及双臂协调操作等方面系统性地阐述了机器人拟人化操作的机器学习理论与关键技术，主要内容包括：基于人臂三角形的拟人化操作基础，拟人化操作运动学，拟人化操作的运动规划与任务规划方法，基于全局避障地图的拟人臂避障方法，基于肌肉疲劳的拟人化评价指标，以及人与机器人和机器人与机器人之间的同构、异构技巧迁移方法等相关理论和实验研究。

本书可供高等院校机器人工程、机械电子工程、机械设计及理论、控制理论与控制工程、人工智能等专业的研究生阅读，也可供从事机器人研究与开发等相关方向的科研人员和工程技术人员参考。

图书在版编目（CIP）数据

机器人操作的机器学习理论：从拟人操作到技巧迁移 / 丁希仑著. —北京：科学出版社，2020.6
　　ISBN 978-7-03-064262-2

　　Ⅰ. ①机… Ⅱ. ①丁… Ⅲ. ①机器人-操作-研究 ②机器学习-研究 Ⅳ. ①TP242 ②TP181

中国版本图书馆CIP数据核字（2020）第017777号

责任编辑：裴 育 陈 婕 纪四稳 / 责任校对：王萌萌
责任印制：吴兆东 / 封面设计：蓝 正

科 学 出 版 社 出版
北京东黄城根北街16号
邮政编码：100717
http://www.sciencep.com
北京厚诚则铭印刷科技有限公司 印刷
科学出版社发行 各地新华书店经销
*
2020年6月第 一 版　开本：720×1000 1/16
2022年1月第三次印刷　印张：10 1/4
字数：210 000
定价：85.00 元
（如有印装质量问题，我社负责调换）

前　　言

随着机器人技术的发展，越来越多的机器人走进人类的工作和生活中，人机交互问题变得尤为重要。在机器人与人的交互协作过程中，要求机器人的行为举止与人相似，符合人类的行为习惯。而在传统的机器人学中，机器人的运动实现以机构学的运动规划为基础，根据操作空间机器人末端运动轨迹，通过雅可比矩阵的逆获得关节空间的运动，这种处理方式可以实现机器人的操作空间运动，但求解过程烦琐且产生的动作通常不符合人类行为模式和操作习惯。

观察人类上肢的行为模式，人类的大小臂和肩、肘、腕关节组成的生理结构共同构成了"人臂三角形"的位形和运动约束。人体生理学的研究表明，人的操作动作都具有一定的动作模式，本书中称其为"动作基元"，任何复杂的连续动作都可以看成由一系列动作基元连接而成的序列。因此，动作基元是拟人化操作的基础，接下来的问题就是如何连接动作基元，这里将音乐的节拍引入动作基元的连接问题，为机器人的运动赋予节律。任何一项具体操作任务的完成都要遵守一定的操作规程，我们的大脑凭借经验、推理或联想将复杂的操作任务分解为动作序列，动作的分解则通过不同动作基元的连接与组织策略来实现。任务的这种组织方式与语言的组织方式是一脉相承的，本书中将这种任务结构化表达方法称为运动语言，基于运动语言搭建一个通用的任务运动一体化规划框架，用自然语言方式描述的动作为今后自然的人机接口提供可能。

传统的机械臂避障方法将主要精力放在末端执行器上，而本书在用运动语言完成拟人臂运动规划的基础上，根据已知腕部路径和障碍物信息建立二维全局避障地图，实现了对机械臂整体位形的避障。古今中外的能工巧匠因为熟练掌握了生活和生产活动中的各种操作作业技巧，实现了运动和力量的完美结合。对于这种通过学习和钻研形成的运动技能，很难用传统的机器人性能指标评价和衡量。根据肌肉的作用力与力持续时间的关系，提出一种评判运动拟人性的肌肉疲劳指标，来反映整个运动过程中的舒适度。像人类师徒之间的技艺传授一样，机器人的运动技巧也可以通过模仿学习人类的动作实现，这称为技巧迁移。技巧迁移不局限于结构相似的人与人、人与机器人以及机器人与机器人之间，还可以扩展到结构不同的异构体之间，本书提出的拟人化操作技巧迁移方法不依赖具体结构形态。作为典型案例，将这种技巧迁移方法应用于合作研制的双臂救援工程机械上，实现了异构体间的技巧迁移。

本书是在作者及其研究团队近十年相关研究工作的成果基础上撰写而成的。

感谢方承和徐鸿程博士在与本书内容相关的研究工作中做出了贡献，感谢博士生王业聪和崔自巍在本书成稿过程中给予了帮助。同时，本书的研究工作得到了国家杰出青年科学基金项目"机构学与机器人"（51125020）、国家科技支撑计划项目"双动力智能型双臂手系列化救援工程机械产品研制"（2011BAF04B01）和国家重大研究计划项目"组合分离式旋翼与足式移动操作机器人一体化设计理论与空地协同任务规划方法"（91748201）的支持，在此也表示感谢。

　　希望本书能对从事机器人理论研究与技术研发的学者和工程技术人员起到启示作用。本书内容涉及较多的学科知识，由于作者的水平有限，尚有不妥之处，敬请批评指正。

目　　录

第1章 绪 论

1.1 引 言

随着工业机械臂技术的成熟、生产效率的极大提高，车间里对机械臂的需求开始萎缩，机器人技术的研究已开始以不可逆转的趋势转向了服务机器人领域[1]。

由于服务机器人领域的广泛性与需求的多样性，机器人从传统的单一机械臂逐步向形式多元化方向发展。机器人距离人类越来越"远"，又越来越"近"，远的有太空机器人、水下机器人、飞行机器人等特殊环境下的应用，近的有医疗机器人、仿人机器人、穿戴式外骨骼机器人等社会服务下的应用。但无论是何种形式，机器人终将面对更为复杂多变的环境，执行更为艰巨持久的任务，因此提高机器人的智能性(包括自适应性)是必由之路。人们采取的方法是求助于宇宙创造的智慧宝库——自然界，那里有经过千百万年进化沉积下来的生命智能。人类通过形式上的模仿，试图获取解读智能的钥匙，如借助于生物学机理的理解及模仿生物结构设计仿生机器人，再如求助于神经心理学和生理学的人工智能技术等。总而言之，机器人技术大的发展方向的本质就是要将人的智能"复制"到机器人上，使机器人的内涵重心从"机器"转移到"人"上，更好地服务于人类并拓展人类的视野与能力。

人类作为生命最高智能的拥有者，理所应当地成为机器人模仿和效仿的重要对象。因此，仿/拟人机器人的研究是服务机器人中的重要研究分支，如图1.1所示。人类希望在了解自身的同时将千百年进化积累得到的生命智能赋予机器人，帮助机器人融入人类社会并使其更好地服务人类，完成越来越多的繁杂的高级任务。而完成操作任务离不开机器人的双臂，灵活的拟人臂为机器人提供了强大的操作能力。因此，拟人臂机器人技术的研究在仿人机器人中占有重要地位，它的技术成熟与否直接决定了机器人是否能够胜任具体操作任务。典型的拟人臂如图1.2所示。

由于面临的操作任务越来越复杂多样，如果人工对这些任务进行编程将变得非常复杂和不方便，所以人们希望通过一种自然的方式使得机器人获得这些复杂操作任务的运动技巧。也就是说，通过这种方式可以使非专家也能控制机器人运动，因为以前只有专家才能对机器人进行专业的编程从而控制其运动，这样会大大增强人机交互的受众范围，扩展机器人获得操作技巧的来源。另外，越来越多的仿人机器人进入人类社会，它们的结构尺寸都不尽相同，因此也希望

图 1.1 典型仿人机器人示意图[2]

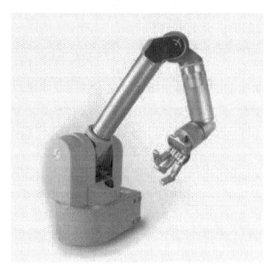

图 1.2 典型拟人臂示意图[3]

找到一种统一的表达操作技巧的方法，使得同一个技巧能够在不同的拟人臂上进行再现，这对于帮助不同类型仿人机器人进入人类社会起到了重要作用。

因此，本书旨在提出并创建一个通用的拟人臂机器人一体式"操作任务-动作-动作基元-关节轨迹"的四级任务运动规划框架，该框架同时是表达不同拟人臂通用技巧的一种方法。本书试图建立一个具有普适性的规范，为一般的仿/拟机器人的拟人臂任务运动规划和技巧迁移提供一种标准解决方案，从而作为一个模块组成部分为仿/拟机器人技术的深入研究及应用奠定坚实的理论基础。开发设计的通用拟人臂机器人任务运动规划框架具有自然的人机接口，使非专家也能够根据自己对任务的理解完成合适的仿/拟机器人拟人臂的动作设计，以控制机器人完成各种复杂操作任务，这又给不同的用户提供了自由发挥的空间。机器人的产业化离不开各个组成部分的标准化和模块化，希望本书研究建立的通用拟人臂机器人任务运动规划框架，能扩大仿/拟机器人的适用种类、用户群体和应用领域，促进机器人的产业化发展。

1.2　机械臂拟人操作技术发展概况

1.2.1　拟人臂的运动规划与任务规划

1. 拟人臂的运动规划

拟人臂的运动规划领域目前主要存在两大类方法，即考虑具体拟人臂运动学方程的冗余度分解方法和在 C 空间进行运动规划的一般性方法。冗余度分解方法考虑了具体的拟人臂运动方程，使得手部可以满足一定路径约束。根据对待拟人臂冗余度的不同方式又可以将冗余度分解方法分为任务增强和优化方法。在任务增强方法中，通过增加额外的任务转变拟人臂为非冗余臂，进而采用扩展雅可比矩阵[4,5]或者增强雅可比矩阵[6,7]的逆来求解关节速度，但是增强雅可比矩阵很难保证总是满秩的[4]，而且没有积极地利用拟人臂的冗余度优势。而优化方法积极利用冗余度优势，在手部满足任务约束的基础上优化额外的性能指标，如灵活度、避障距离和关节力矩等。由于全局优化难以实现，通常采用局部优化的方法[8-10]。但是，局部优化方法容易产生奇异位形、陷入局部最小值以及造成不稳定，实践表明，局部优化方法只适合小范围的运动规划。由于 C 空间表达可以将任何机器人的运动规划问题统一到位形空间进行研究，因而该方法获得了广泛的关注。

在 C 空间进行拟人臂运动规划的任务可以表述为：将操作空间的障碍物、关节转角限制和操作空间范围等约束转换到拟人臂的位形空间形成 C 空间障碍物，给定初始位形和结束位形(相当于位形空间上的两个点)，搜索连接两个位形之间的自由避碰路径。根据是否具有采样特性，可以将 C 空间法分为基于采样的方法和非基于采样的方法。非基于采样的方法需要建立精确的 C 空间几何模型，通常仅适用于不超过三维的低维情形，典型的方法有势场法、最大间隙路线图法、最短路径路线图法、胞腔分解法及各种混合方法[11-14]。拟人臂的位形空间通常为七维的高维空间，因此在实际应用中往往采用在高维空间具有优秀性能的基于采样的方法。基于采样的方法仅通过避障检测器来判别采样的位形是否属于可行位形，它避开了精确的高维 C 空间几何模型建立的困难，因此在一些高维具有挑战性的问题中获得了广泛的应用。根据不同的采样方式以及不同的采样位形的数据结构组织方式，可以产生不同的基于采样的规划方法，其中具有代表性的是概率路线图 (probabilistic road map，PRM) 方法[15]和快速扩展随机树 (rapidly exploring random tree) 方法[16,17]。由于随机采样的特性，这类方法可以有效地解决局部优化方法中的局部极值点问题，从而找到满足一定关节空间和操作空间约束的可行解。

基于采样的 C 空间运动规划方法的缺点是在位形空间进行避碰路径的搜索时并没有考虑具体的拟人臂运动学模型及其结构特点，并不能提前预知拟人臂手部的运动路径以及整个臂姿的运动变化过程，也就是说整个运动过程是不可控的。不难发现，以上两大类方法在对待拟人臂的运动规划问题时完全是从经典的冗余度机械臂角度出发的，关注的是如何找到满足一定约束条件的优化解或者可行解，而并没有着重考虑拟人臂中"拟人"的内涵。作为仿人机器人的重要组成部分，拟人臂应该在运动规划和运动实现中体现人臂的运动策略和运动过程特点。

2. 拟人臂的任务规划

比运动规划更高一级的是任务规划。当机器人完成一个复杂任务时，首先需要进行任务规划。任务规划可以根据是否涉及机器人本体的运动生成分为基于语义的抽象任务规划和基于机器人本体运动的任务规划。前者类似于人脑的功能，对复杂的抽象任务按照某种原则进行分解和规划。Xiong 等[18]提出用一个可看成巨大知识库的语义记忆系统对仿人机器人进行任务规划，规划的是面向任务的抽象规划，不涉及手臂的具体运动。Dantam 等[19]提出一个运动语法框架用于对机器人进行任务分解，并用机器人与人类对手下棋来验证该语言框架的有效性，同样，该任务分解和规划并不涉及实际的手臂运动。在涉及机器人本体运动的任务规划中，机器人系统通常是一个高自由度机器，因此采用基元或者模块组合的方式来降低任务规划问题的维度和难度是一个不错的选择。其中，这种模块对于"大"的仿人机器人体现为技巧。Kallmann 等[20]为了解决仿人机器人运动生成中的多模式或多技巧融合的问题，提出了可以融合多个技巧的运动规划框架，但该框架融合的技巧指的是若干较为宽泛的技巧，如达到技巧、行走技巧及平衡技巧三个大的技巧。而模块思想对于"小"的灵巧手体现为动作基元。Cheng 等[21]提出了一种基于动作要旨的语义级最优分割方法，能将手部的操作过程分割成若干个较小的操作单元。分割是基于语义的动作要旨，能够很方便地迁移到不同尺寸的灵巧手上，因此它为今后的手部技巧迁移打下了坚实的基础。Stulp 等[22]采用强化学习对抓取操作中的单个动作基元中的手部运动路径及最终手部抓取位形进行了同时优化，并且对多个动作基元进行了优化以提高操作任务的鲁棒性，并通过 pick-and-place 操作任务进行了实验验证。更复杂的灵巧手操作的任务规划涉及对可变性物体的操作任务规划。Wakamatsu 等[23]和 Saha 等[24]讨论了可变性线性物体如绳的复杂操作规划问题。当然，除仿人机器人整体的任务规划及其操作末端的灵巧手任务规划外，还有其他的任务规划。本书要讨论的是具有"中等"尺度大小的拟人臂的模块化任务规划，即灵巧手任务实现过程中拟人臂的运动形式。Sucan 等[25]和 Cohen 等[26]提出了一种基于图的搜索方式求解能够最大限度完成操作任务的关节轨迹。该图中，点代表拟人臂的一个采样位形，点与点之间的连线代表连接两个相邻位形的动作基元。这种方法实际上是通过采样的方式对拟人臂的位形空间进行了一种结构化的表达，从而根据初始位形和目标位形在这个结构化的图中搜索最优解。这种处理方式没有考虑拟人臂的结构特点，使得设计的动作基元没有直观的意义且规划出来的拟人臂运动不具有拟人运动的特性。

1.2.2　拟人双臂机器人

1. 双臂协调研究

拟人双臂机器人的研究起源于双臂协调研究。双臂协调研究始于 20 世纪 70 年代。1974 年，Nakano[27]首次提出了一个重要的概念，即主从式的双臂协调控制概念：主臂进行位置控制，精确而鲁棒地跟踪期望位姿轨迹，不受外部受力的干扰，即执行一种刚性行为；而从臂进行力控制，跟随主臂运动且保持与主臂之间的作用力，实现一种柔顺行为。

1981 年，Orin 等[28]首次对双臂协调时的力分配问题进行了研究，通过线性规划的方法，在考虑能量消耗和负载平衡的基础上，得到了将作用在被操作物体上的内外力分解到各个机械臂末端作用力的优化解。1985 年，Dauchez[29]在被操作物体坐标系中定义了一个任务矢量，通过这个概念给出了双臂协调操作任务的运动模型。1986 年，Hayati[30]首次将单臂操作当中的力/位混合控制扩展到双臂协调中，区别于主从式控制概念，用力/位混合控制将双臂看成一个整体系统，通过双臂的运动和末端作用力来直接控制被操作物体的运动和所受作用力，这避免了主从式控制中对从臂柔顺能力要求较大，且任务执行过程中主从臂角色不能互换的缺点。1987 年，Luh 等[31]提出了一个新的控制概念，即引导/跟随控制概念，这是一种类似于主从式控制的方法，只不过跟随臂/从臂由力控制改为位置控制，它的运动通过闭链约束得到。1988 年，Khatib 等[32]提出了一种增强物体方法，将双臂协调系统看成一个整体在其操作空间进行动力学建模，通过一个单独的增强惯性矩阵来对机械臂及被操作物体的惯性特性进行描述。1988 年，Uchiyama 等[33]首次提出了虚拟杆的概念，认为机械臂末端和被操作物体的质心间由一个虚拟杆相连接，它使得双臂形成闭链，因而可以将机械臂末端的力及运动状态转移至质心处讨论，以便于分析双臂对被操作物体的受力和运动状态的影响。1989 年，Lee[34]提出了用单臂在重要任务操作点的期望操作椭球与实际操作椭球的几何相似性来衡量其对该任务的操作能力的指标，以及单臂面向任务的操作性能指标 TOMM，并在此基础上提出了双臂面向任务的操作性能指标 TODAMM，也就是通过期望和实际操作椭球的几何相似性进行评估，双臂实际的操作椭球由两个单臂的实际操作椭球的交集近似表达。1989 年，Kokkinis 等[35]提出了另一个衡量双臂操作性能的指标，即力/速度多面体指标。

到了 20 世纪 90 年代初期，同是 1991 年，Koivo 等[36,37]给出了双臂在整个系统的关节空间的动力学模型，首次提出了动力学模型的降阶模型，并对求解降阶模型的正逆动力学问题进行了讨论分析；Chiacchio 等[38,39]将单臂速度/力操作性能椭球的概念拓展到了双臂来描述其操作性能，提出了一个动态操作性能椭球的指标来分析给定任务空间方向上的加速能力；Uchiyama 等[40]讨论了双臂协调中的鲁棒抓持问题，提出了一种自适应负载分配算法进行鲁棒抓持操作，其中机械臂和被操作物体的接触条件被表达为一系列与负载分配系数相关的线性不等式。1992 年，Schneider 等[41]提出阻抗控制来避免物体与环境发生接触时产生过大的接触力与力矩，即广义的外力。1994 年，Zheng 等[42]研究了双臂协调操作柔性梁的问题，提出了两种协调操作方法。1995 年，Khatib[43]在之前由其本人提出的增强物体方法的基础上，深入探讨了机械臂结构中的质量和惯性动态特性问题，提出了一个通用的用于双臂协调的动态控制策略，为了形象化表示质量和惯性动态特性的幅值，用一个束带式的椭球体对其进行表征。1996 年，Bonitz 等[44]提出了一个阻抗控制策略用于控制机械臂作用于被操作物体上的内力，以区别于之前控制外力的阻抗控制策略。同年，Chiacchio 等[45]首次给出了协作任务空间的定义，即通过双臂末端坐标系之间的绝对位置、绝对方向、相对位置、相对方向来描述通用的双臂协调操作任务。

2002 年，Sun 等[46]针对双臂没有运动学约束但执行同一个协调操作任务的情形，提出了一种直接而简单的自适应同步控制方法，其基本思想是每个机械臂跟踪自己要求的轨迹同时与其他机械臂的运动保持同步。同年，Lian 等[47]提出了一个半分散式自适应模糊控制策略来对双臂协调操作的运动和内力进行跟踪，他将智能控制方法引入双臂协调控制中。2004 年，Yamano 等[48]讨论了双柔性臂操作刚性物体的协调控制问题，提出的控制策略整合了混合力/位控制和振动抑制控制。2005 年，Schwarzer 等[49]基于 C 空间提出了一种新的既可靠又有效率的动态避障检测规划方法，该方法附加了启发式搜索方法和一些其他技术来提高检测器的效率，它对于有许多运动物体和很复杂的几何场景的情形都是通用的。2006 年，Merchán-Cruz 等[50]提出了一种新颖的模糊遗传算法来处理两个协调操作机械臂的轨迹规划问题。在这个问题中，每个机械臂都将对方当成一个轨迹未知且无法预测的移动障碍物，两个机械臂在操作空间有着各自的目标，即末端执行器需到达指定的位姿，关节空间无约束。通过一个简单的遗传算法规划器生成一个初始的关节运动估计，然后通过避碰模糊单元的校正修改得到避碰的自由运动轨迹。

由于日常生活中普通任务增长的需要，基于人的双臂模型的研究越来越多。Kim 等[51]根据动力学指标优化生成双臂有效运动来维持不同的外部负载，完成如推、拉、扭、弯等动作。Saha 等[24]描述了使用两个协调操作的机械臂通过一个新颖的运动规划器操作绳子打结，该规划器结合了先前存在的扭结理论与机器人运动规划。与传统运动规划问题不同的是，规划器处理的是一个拓扑学情况，而不是一个单纯的几何学情况。

通过以上调研不难发现，从时间上来看，双臂协调研究始于 20 世纪 70 年代初，这一时期是其萌芽期；进入 80 年代，广大学者纷纷提出了很多重要的概念和思想，为该领域的后续发展起到了奠基性作用，这个时期是双臂协调研究的成长期；而到了 90 年代，在之前提出的基本概念和模型的基础上，各种各样的跟进式研究开始生根发芽，枝繁叶茂，繁荣了整个领域的研究，这个时期是其成熟期；进入 21 世纪后，一些其他领域的思想如人工智能，开始逐渐渗透进双臂协调研究中，并促使其继续发展，逐渐接触处理较为复杂的日常生活中人类面临的任务，开始融入拟人臂的思想，逐渐走向实际应用。

从地域上来看，在研究的初期和成长期，美国和日本的学者做了很多铺垫性的基础理论工作，为这个领域开疆扩土及其发展打下了坚实的基础。进入 20 世纪 90 年代，一些欧洲的学者也逐渐加入到研究的队伍当中，其中值得一提的是，意大利学者在双臂协调任务的描述和对双臂协调操作能力方面做出了富有特色的研究。此外，来自加拿大、墨西哥和中国的学者也对该领域做出了重要的贡献。

从研究方向上来看，在研究初期，人们在对单臂机器人进行应用研究时逐渐意识到越来越多的任务由单臂是很难完成的甚至是无法完成的，如搬运大型重型负载、大量零件的安装任务、抓取操作带有额外自由度的柔性物体等，由此开启了双臂协调方面的研究。在研究的成长期，研究主要集中在对双臂协调控制方法的探索上，如主/从式控制、混合力/位控制、引导/跟随控制等方法陆续被提出，但在其运动学、动力学、负载分配及任务空间分析等方面也做出了奠基性的工作。这一期间的研究是以单臂机器人的基础理论研究成果为基础的，很多研究都是在此基础上的一个扩展，如混合力/位控制方法及面向任务的操作性能指标等。进入研究的成熟期，研究工作在各个方面呈现出进一步细化和深化的特点，控制方法进一步丰富，有研究者提出了自适应控制及控制操作物体内外力的阻抗控制方法等；还有研究者提出了双臂关节空间的动力学模型的降阶模型，探讨了鲁棒抓持中的负载分配问题，给出了协作任务空间的定义及任务的一般表达形式，以及将柔性引入双臂协调中进行研究等。

进入 21 世纪，研究主要集中在对双臂协调的运动规划和控制方面，为了应对现实中可能遇到的动力学模型不确定性、任务环境未知及非参数化不确定因素干扰等，引入模糊推理、人工神经网络、遗传算法、启发式搜索及自适应控制等先进技术方法,以提高双臂协调的适应性,使其更具智能化。考虑到实际应用问题,规划中的避障问题开始凸显出来,有许多学者开始关注这一研究方向。值得一提的是,2009 年首次出现了以人的双臂为原型,通过模拟人的双臂运动来对双机械臂进行运动规划的文章,这标志着双臂的研究开始朝着拟人的方向发展。在机器人技术由工业机器人朝服务机器人方向发展,工厂里的机械臂逐渐各式各样、走出工厂走向各行各业的大背景下,替代人的各种各样复杂的操作需求开始增长,面向实际应用的双臂协调操作具体任务的研究也开始逐渐增多。

2. 拟人机械臂研究

进入 21 世纪,机器人研究中拟人的概念开始出现。研究者从运动规划与控制、操作、传感-运动协调、技巧学习、人机交互、任务分配及安全性等不同研究方向对拟人机械臂进行研究。

在运动规划与控制方面,Abdel-Malek 等[52]对人体上肢有意识的协调运动进行了研究,使用最小速度突变三维模型得到笛卡儿坐标空间中的末端路径,采用直接优化方法替代逆运动学规划关节运动轨迹。他采用的优化方法中有四个代价函数:用来评价每个关节偏离其中间位置位移的关节位移函数、用来描述关节速度变化并评价从初始目标点到最终目标点的大体趋势的函数、关节轨迹的二阶导数函数,以及由初始点和目标点的关节角速度组成的非连续性函数。Abdel-Malek 等应用直接优化方法对一个有 15 个自由度的高冗余度上肢模型进行了仿真。Lenarcic 等[53]讨论了一个基于改进人臂运动学模型的仿人机械臂的定位能力。这个仿人机械臂有三个关节:内部肩关节、外部肩关节和肘关节,第一个关节担任人体胸锁关节,第二个关节担任人体肩关节,第三个关节复制了人体前臂和大臂的转动。Lenarcic 等分析了关节坐标之间的数学相互关系与仿人臂在执行不同任务时的最优位形,确定了仿人臂的可达性。

在操作方面,Kragic 等[54]提出了一个在自然室内环境下基于视觉的用于物体操作任务的机器人系统,并考虑了整个"检测-方法-抓取"过程中所有相关的问题。该系统重要的特性是结合物体外观和几何模型,从物体识别到姿势估计再到抓取的步骤是完全自动的;其评价实验是在真实的、带遮挡、有杂物并改变光照和背景条件的室内环境下进行的。Saxena 等[55]讨论了拟人机械臂抓取新物体的问题,他提出了一个不需要构建三维模型的学习算法:给定一个物体的两幅(或者更多)图像,尝试着在每个图像上识别相应的一些点作为抓取物体的良好位置,然后测量这些点的三维坐标用于抓取。这种从图像中识别抓取位置的算法需要通过监督学习的方式进行训练。Saxena 等在两个机械臂平台上验证了他们提出的方法,结果是拟人机械臂能够成功抓取很多种物体。

在传感-运动协调方面,Liu 等[56]提出了一个新的自适应控制器对机械臂实现基于图像的视觉伺服控制,其中摄像机的内外参数均未知;为了将视觉信号映射到机械臂的关节上,提出了一个独立深度交互矩阵,与传统交互矩阵不同的是其不依赖特征点深度值;基于独立深度交互矩阵使未知的摄像机参数线性化地出现在动力学闭环中,从而开发了一种新的自适应算法用于在线估计。Lippiello 等[57] 针对一个装备有混合手眼/指向眼的多摄像机的多机械臂系统,提出了一种基于位置的视觉伺服算法,该算法使用扩展卡尔曼滤波器对目标物体姿态进行了实时估计;考虑基于物体自遮挡以及多机器人连杆和工具之间的相互遮挡情况,并实时进行了预测;特征提取时仅考虑一个优化的图像特征子集,从而确保较高的估计精度,且其计算代价独立于摄像机的数量,并将提出的方法应用到两个工业机器人上。

在技巧学习方面,Billard 等[58]处理了在简单的单手和双手操作任务中机器人"模仿什么"和"怎么模仿"的问题。为了解决"模仿什么"的问题,他使用一种基于隐马尔可夫(HMM)的概率方法来提取再现给定任务中的姿势或者具体手的路径等重要因素,即给出了一个模仿的性能指标。为了解决"怎么模仿"的问题,他计算了能够优化模仿性能指标的轨迹,通过一系列实验来检验人类演示者是如何教机器人操作简单物体的。Erlhagen 等[59]通过观察人类的行为,提出了一个通过模仿来学习的机器人控制结构以及两个基本原则:模拟主要是由再现观察的运动结果来导向的而不是精确的运动方式;智能体理解运动意图的能力是基于运动的模拟。Erlhagen 等提出的控制结构是通过一个机器人系统用目标导向的方式模拟人类抓取和持放的操作来验证的。Breazed 等[60]处理了一般未受过专业训练的示教者对机器人进行演示的问题,演示的过程可能是充分的、不完整的或者模糊的。在 Breazeal 等提出的系统中,机器人扮演着社会认知学习者的角色,可以从不完整或者模糊的演示中学习到正确的运动技能。

在人机交互方面,视觉的姿势解释在完成自然的人机交互中是非常有用的。人机交互中,希望全身姿势通过自然方式来自动识别。Yang 等[61]提出了一个用于识别全身关键姿势的新方法。一个受试者首先被描述为一系列的特征集,在三维空间中,对 12 个身体部分进行关节角关系的编码,然后将特征矢量映射到隐马尔可夫模型的码字上。实验结果表明,Yang 等提出的方法能够有效且高效地从运动序列中自动识别全身关键姿势。Stiefelhagen 等[62]展示了自然多模式人机交互技术。他提出的系统可以完成自然语音识别、多模型对话处理和对用户的视觉识别,其中包括对用户的定位、跟踪和识别,以及定位姿势的识别和对人头方向的识别。他提出的工作和组成部分构成了人类视听感知和多模式人机交互的核心构造模块,应用于德国有关拟人协作机器人研究项目开发的机器人上。

在任务分配及安全性方面,Fua 等[63]讨论了一组机器人的任务分配问题,提出了一个协调退避自适应方案。该方案应用于多机器人协作任务场合中存在机器人故障和不确定任务细节的情形；利用在一个矩阵框架内的基本任务来指定任务，通过这种方式提高完成任务的可能性；允许机器人基于之前的经验调整他们的行为，增加了机器人队伍的适应性。Fua 等执行了基于现实的仿真，验证了所提方案的有效性。安全规划和控制对于人机交互也是十分重要的。Kulić 等[64]提出了一个整合的人机交互策略，以保证人类参与者的安全。他提出的规划和控制策略是基于交互中关于危险的显性测量指标的，这些指标包括有效的机器人惯性、相对速度和人机之间的距离等。他还提出了另一个用于提高安全性的方法：增强机器人感觉外界环境的能力，具体指受试者对机器人运动的行为和反应，并通过一系列实验测试证明了通过视觉和生理传感器监视受试者能够极大提高人机交互的安全性。

通过以上研究可以看到，从引用次数的角度，整体上，有拟人概念外延的机械臂相关研究比传统的双臂协调的研究受关注度高。这是因为，双臂协调的主要研究工作已经完成，其理论体系已经比较成熟，单纯传统理论方面的研究已经趋于饱和；在机器人技术由工业机器人转向服务机器人的大背景下，机械臂已逐渐从工厂走近人类生活，与拟人机械臂相关的各种高新技术呈现出全面渗透与交叉融合。通过统计不难发现，文章较为集中的四个小方向为运动规划与控制、操作、技巧学习及传感-运动协调。

运动规划与控制方向的文献越来越多是有关机械臂拟人运动规划与控制方面研究的。同样是模拟人类运动，但与机器人通过示教获取人类运动方法的不同之处在于：前者是通过分析人臂的运动原则，提取核心评价指标进行运动优化规划，用的是分析的方法；而后者是通过采集人臂的运动数据，并通过运动数据使机器人再现人臂运动，用的是采集的方法。另外，值得注意的是，该方向的研究也吸收了如模糊推理、人工神经网络等方法并通常基于视觉伺服，朝向智能化的方向发展，这一点与双臂协调的情况是一致的。

有关拟人机械臂面向抓取操作的研究也日益增多，且多是在自然室内环境下进行的对日常生活学习用品的抓取，如个人服务机器人与图书馆服务机器人。抓取是进行操作的基础，对于单臂通常是相对简单的操作，如抓取、移动和放下等，而对于双臂则是朝向更为复杂的操作序列，即任务级方向发展，典型的如双臂完成打结任务，这涉及任务表达、规划及分配的问题[65]。操作方向的备受关注与服务机器人面临的越来越多且越来越复杂的操作需求大背景是一致的。

由于面临的操作任务将更为复杂和多样，若人工对这些任务进行编程将变得非常复杂和不方便，所以人们希望通过一种自然的方式使机器人获得这些复杂操作任务的运动技巧，即通过人类示教进行学习。该方向的文章的引用数较多，说明这是一个研究的热点。通过这种方式可以使非专家也能控制机器人运动，而以前只有专家才能对机器人进行专业的编程从而控制其运动，这样大大扩宽了人机交互的受众范围,对于帮助机器人进入人类社会起着重要作用,因此预计会有广大的应用前景。现阶段研究中将人的运动演示给机器人通常有两种手段,一种是通过视觉的运动捕获技术,另一种是通过机器人的示教控制模式(手把手教机器人运动并记录下关节轨迹),人类演示只是给机器人一个运动输入参考,机器人还需要不断通过多次重复运动并观察运动效果对其不断进行修正来学习提高运动技能,这就使得人类将机器人智能化的策略逐步由一次直接赋予方式转向了多次重复发展学习的方式,这种智能化方式的转变与人工智能领域中当今最热门的机器学习方向的不断成熟与迅猛发展是分不开的,这就使得给机器人赋予智能的方式回归到了人类习得智能的本原方式,再一次凸显了"拟人机器人"的这个主题内涵。

要想增强机械臂对动态非结构化环境的适应性,提高其智能,就需要赋予其感知外界的能力,根据对外界环境的了解进行协调运动及传感-运动协调。其中,视觉以其信息量大、非接触式等优点已经成为提高机械臂智能的首选感知方式。具体来说,研究主要集中在三个方面:一是在真实的带遮挡、有杂物且光照和背景条件会改变的自然室内环境中进行自适应视觉伺服研究;二是对于物体跟踪研究中的可视性问题及可能发生的自遮挡问题研究;三是开发简便智能的摄像机标定方法以及摄像机内外参数未知、无标定情况下的视觉伺服研究。

人机交互方向也是一个很重要的方向。机器人进入人类社会,人机交互必不可少。这方面的研究趋势是向更自然、更多种模式的人机交互手段发展的,如常见的视觉识别、自然语音识别、手势识别,还有如触觉、脸部动作及身体姿势识别等。值得一提的是,随着人机交互的进一步发展,人机之间的安全性问题也是应当注意的。

3. 拟人双臂机器人平台

当前双臂协调和拟人机械臂的研究已经开始有相互融合的迹象,拟人双臂机器人模拟和替代人的双臂完成复杂的操作任务是这个研究方向的发展趋势。下面介绍一些已开发或在研制的拟人双臂机器人平台。

1) Tohoku 的 DARTS

日本的 Tohoku 大学(东北大学)宇宙机械实验室搭建了一个双臂空间机器人系统 DARTS[66],双臂由两个 7 自由度的 PA10 机器人、两个 BARRETT 灵巧手和两个装在臂末端的六维力/力矩传感器构成,如图 1.3 所示。整个系统是一个由空间系统、地面系统和软件开发系统组成的遥操作机器人系统。实验室人员对遥操作技术进行了系统研究,提出了虚拟雷达(virtual radar)的概念来避免机器人末端的手与障碍物之间的碰撞,还研究了采用一个控制器来控制两个从(Slave)机器人的方法。

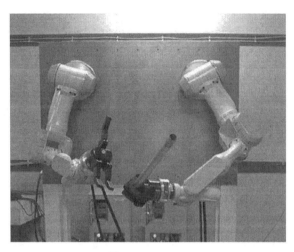

图 1.3　DARTS

2) 斯坦福大学的安全双臂机器人

斯坦福大学的安全双臂机器人[67]项目主要研究如何设计仿人双臂以提高其与人交互过程中的安全性，包括驱动方式的设计、控制方法的研究和人工皮肤的研制，并提出了一系列伤害评估指标对设计完成的仿人机械臂进行安全性能测试。安全双臂机器人的研究重点在于仿人机械臂的设计及其安全性能，其外观如图 1.4 所示。

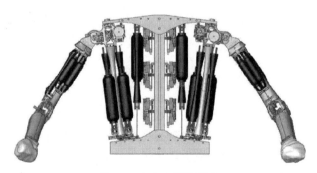

图 1.4　安全双臂机器人

3) 佐治亚理工学院的 Golem Krang

佐治亚理工学院研制的 Golem Krang 拟人机器人为轮式底座加拟人双臂的形式[68]。2 自由度基座设计使得机器人可以自动在负载 40kg 的情况下从水平静止状态站立起来（0.5～1.5m），躯干为 4 自由度，加入了模拟腰部的折叠和摇摆的转动自由度。该机器人的研究重点为机器人的自主站立、移动操作和动态稳定性，其外观如图 1.5 所示。

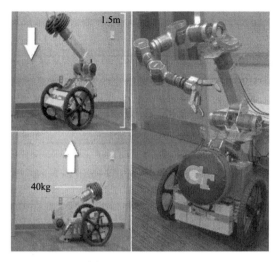

图 1.5 Golem Krang

4) 爱荷华州立大学的拟人双臂机器人平台

爱荷华州立大学的拟人双臂机器人平台[69]由美国巴雷特公司提供的两个机械臂和两个机械手组成，且均有 7 个自由度。研究人员假设机器人的智能行为都是在不断与外界物理和社会环境进行交互的过程中发展起来的，即期望机器人与人一样在认知和智能行为上有一个"成长"的过程，主要研究驱动人类认知发展的基本过程和原理并将之应用到机器人上，研究重点为人工智能和认知发展。该平台外观如图 1.6 所示。

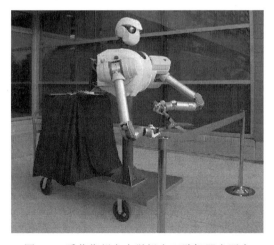

图 1.6 爱荷华州立大学拟人双臂机器人平台

5) 范德比尔特大学的 ISAC

范德比尔特大学研制的拟人双臂机器人平台(ISAC)[70]设计上采用由McKibben

人工肌肉驱动的 6 自由度气动机械臂，并带有 4 指灵巧手，有利于与人进行安全的交互。ISAC 定义为认知机器人，研究人员认为系统的智能是经过不断与外界交互并在特定情况下发展得到的，且假设传感-运动协调(sensory-motor coordination)是智能的基础。因此，研究人员为 ISAC 设计了一个认知结构，包括记忆结构、学习算法、知觉单元和决策策略，其中记忆结构又包括长期记忆、短期记忆、用于记忆特殊事件或经历的事件记忆和工作记忆四个部分；除了认知部分，还研究如何使 ISAC 仅通过简单的外界指示和自身的传感-运动协调的使用就能学习实现指定的行为。该平台项目的研究重点在于认知结构与基于特定任务的传感-运动协调。该平台外观如图 1.7 所示。

图 1.7　范德比尔特大学拟人双臂机器人平台

6) 日本安川电机公司的莫托曼双臂机器人

日本安川电机公司是一家工业机器人公司，其产品包括双臂机器人。SDA10D、SDA20D[71]每个机械臂拥有 7 个自由度加 1 个基座的转动自由度，一共 15 个自由度，重复定位精度 0.1mm，其中 SDA10D 臂长 720mm，单臂最大负载 10kg，SDA20D 臂长 910mm，单臂最大负载 20kg。SDA10D、SDA20D 双臂均可以同时进行同一操作任务、承受更大的负载，也可以同时进行不同的作业，例如，可以用一个臂抓持工件，另一个臂对其进行操作来减少对加工条件的要求，也可以将工件从一个臂传到另一个臂上。双臂机器人的优势在于它具有高密度的布局，能够节约空间，适合允许操作空间有限的场合，并能够减少控制周期(相比于多个单臂机器人)，使用单控制器能够使编程简化，程序执行效率更高(如避障控制和同步控制)；劣势在于它比传统机械臂要贵，其市场除日本外发展还很缓慢。该机器人主要用于安装、加工操作、机器照料操作、包装、零件传递等，其外观如图 1.8 所示。

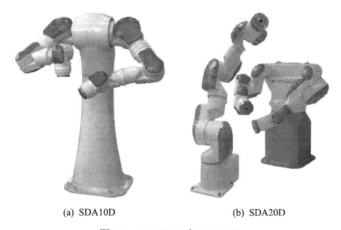

(a) SDA10D (b) SDA20D

图 1.8 SDA10D 与 SDA20D

7) 德国航空航天中心的 Rollin Justin

Rollin Justin 是德国航空航天中心机器人与机械电子研究所开发的用于空间站作业的机器人宇航员[72]。Rollin Justin 包含头、躯干和手臂及轮式移动平台。如果将 Rollin Justin 带入太空,可能会将其轮式移动平台去除而安装在飞船或是空间站中。此研究计划的目标是使得 Rollin Justin 可独立自主地完成空间站无人值守情形下的一些作业任务,如更换一个模块或者加油等。

目前,Rollin Justin 还无法完全自主完成作业,只能通过机器人临场感技术和遥操作技术使人类操作者从地球远距离操作机器人完成任务。操作者使用头戴式显示器并穿戴手臂外骨骼获得临场感并完成操作,即通过显示器看到机器人头部摄像头中拍摄的画面(Rollin Justin 有两个摄像机可以提供立体视觉),并通过手臂外骨骼感受反馈回来的机器人手臂受到的力和转矩;同时根据反馈操作机械臂完成任务。该计划的研究重点为临场感技术与遥操作技术。Rollin Justin 的外观如图 1.9 所示。

图 1.9 Rollin Justin

8) 美国国家航空航天局的 Robonaut 1 和 Robonaut 2

Robonaut 1 和 Robonaut 2（图 1.10）是美国国家航空航天局（NASA）约翰逊航天中心分别和美国国防高级研究计划局（DARPA）与通用汽车公司（GM）联合研发的机器人宇航员[73]。Robonaut 1 是世界上第一个用于外太空环境下完成灵巧操作的拟人机器人，而 Robonaut 2 随着 STS-133 号航天任务（2010 年 11 月 30 号发射）进入国际空间站成为首位进入太空的机器人宇航员。研发的目标是使宇航员机器人能够协同人类完成空间站任务，并能代替人类完成一些危险的出舱工作，如安装任务和一些故障修复。

(a) Robonaut 1　　　　　　　　　　　(b) Robonaut 2

图 1.10　　Robonaut 1 与 Robonaut 2

由于空间站的许多硬件都是按服务人类的要求设计的，需要设计一个仿人的机器人满足不断增长的太空船外活动（extravehicular activity，EVA）或者太空行走（spacewalks）的要求。Robonaut 尺度完全按照人类的标准设计，每个手臂由 Roll-Pitch-Roll-Pitch-Roll-Pitch-Yaw 7 自由度构成，每个 5 指手有 12 个自由度。外围有一层合成纤维层作为"皮肤"，起到接触保护及抵御外太空极端温度变化（-25℃～105℃）的作用。另外，在整个 Robonaut 身上还套有宇航服。Robonaut 一个突出的意义在于不需要在使用人类工具时考虑机器人接口，即可以在人类同样的工作空间内正常操作人类使用的工具。由网站给出的视频可以看出，由众多尖端技术集成的系统 Robonaut 1 已经具有如精细灵巧操作、立体视觉跟踪、临场感遥操作以及在人类以自然方式给出指令的前提下与人类协同作业的能力。Robonaut 2 是 Robonaut 1 的升级版，其操作速度是 Robonaut 1 的 4 倍，且结构更为紧凑，运动更为灵巧，拥有更广的传感范围。Robonaut 2 的灵巧性已经使其可以完全使用人类航天员现在使用的操作工具。研究重点在于系统集成、与人类航天员等同的作业能力以及面向空间站任务的具体应用。

9) 韩国技术教育大学的 LIMS2-AMBIDEX

LIMS2-AMBIDEX 双臂机器人(图 1.11)是韩国技术教育大学(KoreaTech)特意为 IROS 2018 Robotic Challenges 设计的[74,75]。它每只手臂有 7 个自由度。为了减轻机械臂末端的惯量，7 个关节对应的驱动器都布置在肩关节上，采用线驱动的传动方案。其肩部关节以下仅有 2.63kg 的质量，使其具有极高的运行速度，同时确保了高速运行时双臂操作的安全性和精确性。

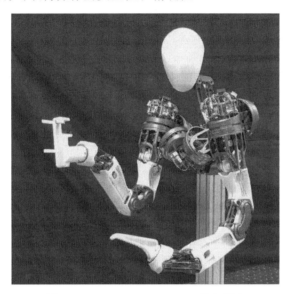

图 1.11 LIMS2-AMBIDEX 双臂机器人

从 20 世纪 70 年代开始，伴随着单机械臂理论和技术的成熟与工厂中许多如搬运重型物件与零件装配等复杂且无法由单臂完成的任务需求增长，双臂协调的研究开始出现并迅速发展壮大。在双机械臂的运动静力学、动力学、控制方法、负载分配及任务空间分析等方面产生了许多卓有成效的研究工作。另外，研究人员也探讨了双刚性臂操作柔性物体与双柔性臂操作刚性物体的协调控制问题。双臂协调的整体理论框架已基本建立。

当前在双臂协调方面的研究主要集中在引入人工智能技术的运动规划与控制方面，如融合模糊推理、人工神经网络、遗传算法、启发式搜索及自适应控制等方法，希望以此提高应对双臂协调中可能遇到的动力学模型不确定性、任务环境未知及非参数化不确定因素干扰等因素。其中，面向实际应用的双臂避碰问题研究开始受到关注。同时，研究人员在现阶段开始注意将之前的理论成果积极地应用于工业机械臂上去执行具体的协调操作任务。受到工业机械臂向服务机器人转变的机器人技术大发展趋势的影响，双臂的研究逐渐开始由双工业机械臂协调操作的研究转向拟人双臂完成更为复杂的服务于人的任务级操作方向发展，其中双臂的操作不一定以闭链的形式存在，以完成室内日常生活中的双臂任务为典型，拟人的概念开始凸现出来：①在结构设计方面开始注意开发新型的轻质紧凑安全的拟人臂，并采用新型的节能柔顺的驱动方式，如线驱动、气动等方式对其进行驱动；②在运动学及控制方面开始提出相应的拟人运动学指标对拟人臂运动进行优化规划和控制方法，以及对于具体任务的单双臂运动规划和控制；③在感知-运动协调方面，通过赋予拟人臂感知外界的能力(主要通过视觉伺服，另有多模式传感方式及信息融合方面的研究)提高拟人臂对动态环境的适应性,研究集中在对真实自然室内环境下的视觉伺服研究方面；④有大量关于人类示教学习的拟人臂研究开始备受关注，通过自然的方式将机械臂拟人智能化的方式从单次直接赋予逐步转为多次重复地发展学习获得上；⑤随着拟人臂与人类的接触越来越多，关于更自然的人机交互方式及人机共处时的安全性问题也开始受到关注。

有关双臂协调和拟人臂研究的发展趋势是如何模拟和替代人的双臂完成更为复杂的任务，其尚待解决的问题有：①轻质柔顺安全的拟人臂设计及驱动问题；②如何对拟人机械臂进行通用的拟人运动规划；③建立一般性的双臂任务空间的通用模型(区别于双臂协调中的任务空间，这里强调任务的操作序列)指导具体双臂操作任务的规划分解和分配；④研究更高效的学习算法并将其应用于拟人臂的运动规划，从而使机械臂更为快速准确地学习人臂的运动技巧；⑤不具备拟人结构的机械臂实现拟人化操作；⑥如何将拟人双臂技术融入人机协同操作中，实现良好的人机交互。以上研究热点均围绕拟人臂机器人拟人化的一体化的任务运动规划与控制问题。

1.3　本书的研究基础与研究内容

本书作者所在单位北京航空航天大学机器人研究所空间机构与机器人技术实验室在机械臂拟人化操作方向上研究多年，取得了大量的研究成果：研制出我国第一台 7 自由度机器人和 3 指灵巧手；在冗余度机器人运动学、动力学与控制理论研究成果的基础上，深入开展了自由漂浮的空间机器人非完整约束运动规划与控制、载体受控的柔性空间机器人动力学与控制技术、基于远程遥操作的机械臂与灵巧手集成系统、空间机器人遥操作技术的研究；建立了面向太空舱内服务的冗余度双臂空间机器人协调作业的演示实验平台等[76]。

本书根据已有研究工作成果和作者对拟人操作的新认识，围绕基于动作基元的拟人臂运动规划与技巧迁移研究展开叙述，介绍了基于人臂三角形的拟人臂运动学、基于动作基元的拟人臂运动语言、基于运动语言的拟人臂技巧迁移、面向拟人臂运动的避障方法、基于肌肉疲劳指标的拟人化运动优化和基于动作基元的拟人化操作方法及其在工程机械中的应用等[77,78]内容。

参 考 文 献

[1] Garcia E, Jimenez M A, de Santos P G, et al. The evolution of robotics research[J]. IEEE Robotics & Automation Magazine, 2007, 14(1): 90-103.

[2] Wikipedia. ASIMO[EB/OL]. http://wikipedia.moesalih.com/ASIMO[2019-08-21].

[3] Barrett Technology Inc. The new WAM arm[EB/OL]. https://advanced.barrett.com/wam-arm-1 [2019-08-21].

[4] Baillieul J. Kinematic programming alternatives for redundant manipulators[C]. International Conference on Robotics and Automation, St. Louis, 1985: 722-728.

[5] Chang P H. A closed-form solution for inverse kinematics of robot manipulators with redundancy[J]. International Journal on Robotics and Automation, 1987, 3(5): 393-403.

[6] Sciaviccc L, Siciliano B. A solution algorithm to the inverse kinematic problem for redundant manipulators[J]. IEEE Journal of Robotics and Automation, 1988, 4(4): 403-410.

[7] Egeland O. Task-space tracking with redundant manipulators[J]. IEEE Journal on Robotics and Automation, 1987, 3(5): 471-475.

[8] Martin D P, Baillieul J, Hollerbach J M. Resolution of kinematic redundancy using optimization techniques[J]. IEEE Transactions on Robotics and Automation, 1989, 5(4): 529-533.

[9] Brock O, Khatib O, Viji S. Task-consistent obstacle avoidance and motion behavior for mobile manipulation[C]. International Conference on Robotics and Automation, Washington DC, 2002.

[10] Khatib O, Sentis L, Park J, et al. Whole-body dynamic behavior and control of human-like robots[J]. International Journal of Humanoid Robotics, 2004, 1(1): 29-43.

[11] Kim J O, Khosla P K. Real-time obstacle avoidance using harmonic potential functions[J]. IEEE Transactions on Robotics and Automation, 1992, 8(3): 338-349.

[12] Lozano-Pérez T, Jones J L, Mazer E, et al. Task-level planning of pick-and-place robot motions[J]. Computer, 1989, 22(3): 21-29.

[13] Weaver J M, Derby S J. A divide-and-conquer method for planning collision-free paths for cooperating robots[C]. AIAA Space Programs and Technologies Conference, Huntsville, 1992.

[14] Hwang Y K, Ahuja N. Gross motion planning—A survey[J]. ACM Computing Surveys, 1992, 24(3): 219-291.

[15] Kavraki L, Svestka P, Latombe J C, et al. Probabilistic roadmaps for path planning in high-dimensional configuration spaces[J]. IEEE Transactions on Robotics and Automation, 1996, 12(4): 566-580.

[16] Lavalle S M. Rapidly-exploring Random Trees: A New Tool for Path Planning[R]. Report No. TR98-11. Ames: Computer Science Department Iowa State University, 1998.

[17] Lavalle S M, Kuffner J J. Rapidly-exploring Random Trees: Progress and Prospects[M]. Wellesley: WAFR, 2000.

[18] Xiong X, Ying H, Zhang J. EpistemeBase: A semantic memory system for task planning under uncertainties[C]. IEEE/RSJ International Conference on Intelligent Robots and Systems, Taipei, 2010: 4503-4508.

[19] Dantam N, Stilman M. The motion grammar: Analysis of a linguistic method for robot control[J]. IEEE Transactions on Robotics, 2013, 29(3): 704-718.

[20] Kallmann M, Huang Y, Backman R. A skill-based motion planning framework for humanoids[C]. International Conference on Robotics and Automation, Anchorage, 2010: 2507-2514.

[21] Cheng G, Hendrich N, Zhang J. Action gist based automatic segmentation for periodic in-hand manipulation movement learning[C]. IEEE/RSJ International Conference on Intelligent Robots and Systems, Vilamoura, 2012: 4768-4775.

[22] Stulp F, Theodorou E A, Schaal S. Reinforcement learning with sequences of motion primitives for robust manipulation[J]. IEEE Transactions on Robotics, 2012, 28(6): 1360-1370.

[23] Wakamatsu H, Arai E, Hirai S. Knotting/unknotting manipulation of deformable linear objects[J]. The International Journal of Robotics Research, 2006, 25(4): 371-395.

[24] Saha M, Isto P. Manipulation planning for deformable linear objects[J]. IEEE Transactions on Robotics, 2007, 23(6): 1141-1150.

[25] Sucan I A, Kavraki L E. Accounting for uncertainty in simultaneous task and motion planning using task motion multigraphs[C]. International Conference on Robotics and Automation, St. Paul, 2012: 4822-4828.

[26] Cohen B J, Chitta S, Likhachev M. Search-based planning for manipulation with motion primitives[C]. International Conference on Robotics and Automation, Anchorage, 2010: 2902-2908.

[27] Nakano E. Cooperational control of the anthropomorphous manipulator "MELARM" [C]. Proceedings of the 4th International Symposium on Industrial Robots, Tokyo, 1974: 251-260.

[28] Orin D E, Oh S Y. Control of force distribution in robotic mechanisms containing closed kinematic chains[J]. Journal of Dynamic Systems, Measurement, and Control, 1981, 103(2): 134-141.

[29] Dauchez P. Co-ordinated control of two cooperative manipulators: The use of a kinematic model[C]. Proceedings of the 15th International Symposium on Industrial Robots, 1985: 641-648.

[30] Hayati S. Hybrid position/force control of multi-arm cooperating robots[C]. International Conference on Robotics and Automation, San Francisco, 1986: 82-89.

[31] Luh J Y S, Zheng Y F. Constrained relations between two coordinated industrial robots for motion control[J]. The International Journal of Robotics Research, 1987, 6(3): 60-70.

[32] Khatib O. Object manipulation in a multi-effector robot system[C]. Proceedings of the 4th International Symposium on Robotics Research, Cambridge, 1988: 137-144.

[33] Uchiyama M, Dauchez P. A symmetric hybrid position/force control scheme for the coordination of two robots[C]. International Conference on Robotics and Automation, Philadelphia, 1988 : 350-356.

[34] Lee S. Dual redundant arm configuration with task-oriented dual arm manipulability[J]. IEEE Transactions on Robotics and Automation, 1989, 5 (1) : 78-97.

[35] Kokkinis T, Paden B. Kinetostatic performance limits of cooperating robot manipulators using force-velocity polytopes[C]. Proceedings of the ASME Winter Annual Meeting, San Francisco, 1989 : 151-155.

[36] Koivo A J, Unseren M A. Reduced order model and decoupled control architecture for two manipulators holding a rigid object[J]. Journal of Dynamic Systems, Measurement, and Control, 1991, 113 (4) : 646-654.

[37] Unseren M A. Rigid body dynamics and decoupled control architecture for two strongly interacting manipulators[J]. Robotica, 1991, 9 (4) : 421-430.

[38] Chiacchio P, Chiaverini S, Sciavicco L, et al. Global task space manipulability ellipsoids for multiple-arm systems[J]. IEEE Transactions on Robotics and Automation, 1991, 7 (5) : 678-685.

[39] Chiacchio P, Chiaverini S, Sciaicco L, et al. Task space dynamic analysis of multiarm system configurations[J]. The International Journal of Robotics Research, 1991, 10 (6) : 708-715.

[40] Uchiyama M, Yamashita T. Adaptive load sharing for hybrid controlled two cooperative manipulators[C]. IEEE International Conference on Robotics and Automation, Sacramento, 1991 : 986-991.

[41] Schneider S A, Cannon R H. Object impedance control for cooperative manipulation: Theory and experimental results[J]. IEEE Transactions on Robotics and Automation, 1992, 8 (3) : 383-394.

[42] Zheng Y F, Chen M Z. Trajectory planning for two manipulators to deform flexible beams[J]. Robotics Autonomous Systems, 1994, 12 (1-2) : 55-67.

[43] Khatib O. Inertial properties in robotic manipulation: An object-level framework[J]. The International Journal of Robotics Research, 1995, 14 (1) : 19-36.

[44] Bonitz R C, Hsla T C. Internal force-based impedance control for cooperating manipulators[J]. IEEE Transactions on Robotics and Automation, 1996, 12 (1) : 78-89.

[45] Chiacchio P, Chiaverini S, Siciliano B. Direct and inverse kinematics for coordinated motion tasks of a two-manipulator system[J]. Journal of Dynamic Systems, Measurement, and Control, 1996, 118 (4) : 691-697.

[46] Sun D, Mills J K. Adaptive synchronized control for coordination of multirobot assembly tasks[J]. IEEE Transactions on Robotics and Automation, 2002, 18 (4) : 498-510.

[47] Lina K Y, Chiu C S, Liu P. Semi-decentralized adaptive fuzzy control for cooperative multirobot systems with H$^{\infty}$ motion/internal force tracking performance[J]. IEEE Transactions on Systems, Man, and Cybernetics, Part B: Cybernetics, 2002, 32(3): 269-280.

[48] Yamano M, Kim J S, Konno A, et al. Cooperative control of a 3D dual-flexible-arm robot[J]. Journal of Intelligent and Robotic Systems, 2004, 39(1): 1-15.

[49] Schwarzer F, Saha M, Latombe J C. Adaptive dynamic collision checking for single and multiple articulated robots in complex environments[J]. IEEE Transactions on Robotics, 2005, 21(3): 338-353.

[50] Merchán-Cruz E A, Morris A S. Fuzzy-GA-based trajectory planner for robot manipulators sharing a common workspace[J]. IEEE Transactions on Robotics, 2006, 22(4): 613-624.

[51] Kim J H, Yang J, Abdel-Malek K. Planning load-effective dynamic motions of highly articulated human model for generic tasks[J]. Robotica, 2009, 27(5): 739-747.

[52] Abdel-Malek K, Mi Z, Yang J, et al. Optimization-based trajectory planning of the human upper body[J]. Robotica, 2006, 24(6): 683-696.

[53] Lenarcic J, Klopcar N. Positional kinematics of humanoid arms[J]. Robotica, 2006, 24(1): 105-112.

[54] Kragic D, Björkman, Christensen H I, et al. Vision for robotic object manipulation in domestic settings[J]. Robotics and Autonomous Systems, 2005, 52(1): 85-100.

[55] Saxena A, Driemeyer J, Ng A Y. Robotic grasping of novel objects using vision[J]. The International Journal of Robotics Research, 2008, 27(2): 157-173.

[56] Liu Y H, Wang H, Wang C, et al. Uncalibrated visual servoing of robots using a depth-independent interaction matrix[J]. IEEE Transactions on Robotics, 2006, 22(4): 804-817.

[57] Lippiello V, Siciliano B, Villani L. Position-based visual servoing in industrial multirobot cells using a hybrid camera configuration[J]. IEEE Transactions on Robotics, 2007, 23(1): 73-86.

[58] Billard A G, Calinon S, Guenter F. Discriminative and adaptive imitation in uni-manual and bi-manual tasks[J]. Robotics and Autonomous Systems, 2006, 54(5): 370-384.

[59] Erlhagen W, Mukovskiy A, Bicho E, et al. Goal-directed imitation for robots: A bio-inspired approach to action understanding and skill learning[J]. Robotics and Autonomous Systems, 2006, 54(5): 353-360.

[60] Breazeal C, Berlin M, Brooks A, et al. Using perspective taking to learn from ambiguous demonstrations[J]. Robotics and Autonomous Systems, 2006, 54(5): 385-393.

[61] Yang H D, Park A Y, Lee S W. Gesture spotting and recognition for human-robot interaction[J]. IEEE Transactions on Robotics, 2007, 23(2): 256-270.

[62] Stiefelhagen R, Ekenel H K, Fugen C, et al. Enabling multimodal human-robot interaction for the karlsruhe humanoid robot[J]. IEEE Transactions on Robotics, 2007, 23(5): 840-851.

[63] Fua C H, Ge S S. COBOS: Cooperative backoff adaptive scheme for multirobot task allocation[J]. IEEE Transactions on Robotics, 2005, 21(6): 1168-1178.

[64] Kulić D, Croft E. Pre-collision safety strategies for human-robot interaction[J]. Autonomous Robots, 2007, 22(2): 149-164.

[65] Zhou J, Ding X, Yue Q Y. Automatic planning and coordinated control for redundant dual-arm space robot system[J]. Industrial Robot: An International Journal, 2011, 38(1): 27-37.

[66] Yoon W, Tsumaki Y, Uuhiyama M. An experimental teleoperation system for dual-arm space robotics[J]. Journal of Robotics and Mechatronics, 2000, 12(4): 378-384.

[67] Stanford University. Human-safe robotics[EB/OL]. http://bdml.stanford.edu/twiki/bin/view/ HSR/HumanSafeRobot?redirectedfrom=HSR.WebHome#ProjectRosieII[2010-11-11].

[68] Mike Stilman. What would humans be like if nature invented the wheel?[EB/OL]. http://www. golems.org/projects/krang.html[2013-05-01].

[69] Kazuhiko Kawamura. Developmental robotics lab[EB/OL]. http://home.engineering.iastate. edu/~alexs/lab/index.html[2013-10-20].

[70] Kawamura K, Peters R A, Wilkes D M, et al. ISAC:Foundations in human-humanoid interaction[J]. IEEE Intelligent Systems & Their Applications, 2000, 15(4): 38-45.

[71] Connolly C. Motoman markets co-operative and humanoid industrial robots[J]. Industrial Robot: An International Journal, 2009, 36(5): 417-420.

[72] DLR. Rollin' Justin[EB/OL]. https://www.dlr.de/rm/en/desktopdefault.aspx/tabid-11427/20018_ read-46804/[2019-09-08].

[73] NASA. Robonaut 2[EB/OL]. https://robonaut.jsc.nasa.gov/R2/[2019-09-08].

[74] Song H, Kim Y, Yoon J, et al. Development of low-inertia high-stiffness manipulator LIMS2 for high-speed manipulation of foldable objects[C]. International Conference on Intelligent Robots and Systems, Madrid, 2018: 4145-4151.

[75] Kim Y. Anthropomorphic low-inertia high-stiffness manipulator for high-speed safe interaction[J]. IEEE Transactions on Robotics, 2017, 33(6): 1358-1374.

[76] 丁希仑. 拟人双臂机器人技术[M]. 北京: 科学出版社, 2011.

[77] 方承. 基于动作基元的拟人臂运动规划与技巧迁移研究[D]. 北京: 北京航空航天大学, 2013.

[78] 徐鸿程. 双臂机器人的拟人化操作与技巧迁移方法研究[D]. 北京: 北京航空航天大学, 2018.

第 2 章　基于人臂三角形特征的拟人臂运动学

2.1　引　　言

拟人臂运动规划的研究主要服务于两个领域：计算机动画和机器人技术。为了更好地阐述本书的研究动机，下面将对在这两个领域中所做的拟人臂运动规划研究进行简要对比。

首先，拟人臂运动规划研究在这两个领域中面临的任务需求是不同的。计算机动画强调如何将人臂的运动真实逼真地映射到计算机中的虚拟角色当中去，追求的是运动的高度拟人化，这种任务通常没有对虚拟角色的拟人臂末端即腕部的路径加以约束；而机器人技术领域则稍有不同，虽然拟人臂运动的拟人化可以帮助仿人机器人更好地融入人类社会与人类进行高效无障碍地沟通和协作，但其首要的任务是能够便携地完成分配的任务，即拟人臂在操作空间是有路径约束限制的。

其次，拟人臂运动规划研究在这两个领域中采用的研究方法也是不同的。当前，计算机动画中主流的方法是采用"运动捕获技术"，即通过大量采集人臂运动数据，将采集得到的人臂关键点在操作空间的运动数据逆变换至关节空间中后，在关节空间中对数据以"统计计算"的方式进行处理并重构，力求重构后的关节轨迹与原始关节轨迹尽量吻合，从而达到视觉上对人臂运动的模拟再现。这种研究方法逐渐形成了"实验统计建模流派"[1]。然而，该方法的缺点在于，方法不够系统，缺乏通用性与一般性，针对每个具体任务、每个受试者、不同年龄人群都需要分别进行不同的实验。由于无法细化到具体每种情况，该方法无法应用到任务类型和机器人种类变化多样且具有末端执行器操作空间约束的机器人技术领域当中。

在机器人技术领域中的学者首先采用早期在处理工业机械臂运动规划问题时的通用方法，如 Denavit-Hartenberg (D-H) 方法，对拟人臂进行精确的运动学建模，建立关节空间与操作空间的映射关系来满足具有严格操作空间约束的指定任务。拟人臂是一种冗余度机械臂，传统的处理冗余度机械臂运动规划的方法是通过对某些性能指标函数的优化完成对机械臂的运动规划，如灵活度、避障、避关节奇异位形、避关节极限等[2,3]。由于拟人机械臂的冗余特性，在从操作空间逆解到关节空间时，通常会将一些拟人化运动原则设计为指标约束，采用考虑拟人臂运动学方程的冗余度分解优化方法或者采用在位形空间内进行运动规划的一般性方法来得到满足约束条件的优化解或者可行解。这些类似的方法构成了"逆运动解分析流派"[1]。

　　然而，对于当前的机器人领域中的逆运动解方法，无论是在速度层面上利用雅可比矩阵的关节角速度逆解还是在位移层面上的关节角度逆解，都是在关节空间内进行的。虽然采用了一些拟人化的指标能够使得规划出来的运动具有某种拟人的特性，但是这些性能指标多由想象猜测得到，缺乏充足的理论依据与实验验证，并且在规划结果产生之前，拟人臂的运动过程是不清楚的，是隐形的。也就是说，这种规划过程是不直观的，无法事先做到对拟人臂运动过程的控制。虽然在机器人技术领域中控制末端执行器完成指定的任务是首要前提，但是随着仿人机器人进入人类社会与人类进行密切的交互，拟人双臂运动过程的拟人化将能极大地促进人类同伴理解机器人的运动意图，从而提高人机交互效率及改善人类同伴的心理感受[4]。

　　不同于计算机动画领域中采用人体运动数据采集的方式对虚拟动画角色进行运动过程的控制，面对形态构型尺度各不相同的庞大的拟人臂群体，研究的目标是开发出一个通用的能够描述不同拟人臂姿态位形的解析数学工具来对拟人臂的运动过程进行控制，并在此基础上建立一个新颖的面向拟人臂的特殊冗余度机械臂群体的运动学模型[5-8]。

2.2　典型拟人臂运动学模型

　　人体的上肢即人臂由 3 个关节组成，包括肩关节、肘关节和腕关节。肩关节是一个典型的球副关节，拥有 3 个自由度，能绕 3 个基本的运动轴运动（针对右臂）：可以绕水平向右的轴做屈曲和伸展运动，绕水平向前的轴做外展和内收运动，绕竖直向上的轴做外旋和内旋运动。肘关节拥有 2 个自由度，包括大臂和小臂之间的屈曲、伸展运动以及绕小臂轴线的外旋和内旋运动。腕关节也拥有 2 个自由度，包括手掌与小臂之间的屈曲、伸展以及绕垂直于掌面轴线的外展和内收运动[9]。

　　根据人臂的结构特点可以建立拟人臂运动学模型，采用传统的 D-H 方法[10]对其进行建模如图 2.1 所示，D-H 参数如表 2.1 所示。图 2.1 中，l_u 表示大臂的长度，即肩关节中心到肘关节中心的距离；l_l 表示小臂的长度，即肘关节中心到腕关节中心的距离；l_h 表示腕关节中心到手掌中心的距离。采用后置的方式建立连杆坐标系，为了便于表达，将基坐标系原点 O_b 设在肩关节中心，将 z_b 轴设置为竖直朝上，x_b 轴为水平向右，y_b 轴为水平向前；将末端坐标系的原点 O_7 设在手掌中心，将 z_7 轴设置为手掌的朝向，x_7 轴为四指的朝向，y_7 轴为大拇指的反方向。图 2.1 所示拟人臂运动学模型是最为典型的模型，准确地表达了人臂肩部 3 个自由度 $(\theta_1, \theta_2, \theta_3)$、肘部 2 个自由度 (θ_4, θ_5) 及腕部的 2 个自由度 (θ_6, θ_7)。本章以下篇幅中的讨论均基于此拟人臂模型，不再赘述。另外需要指出的是，虽然这里采用该拟人臂模型作为示例说明拟人臂运动学的建立过程，但是实际上该方法是一种通用方法，在对任何一个拟人臂采用 D-H 方法建立运动学模型之后，都可以采用本书提出的方法建立相应的拟人臂运动学模型。

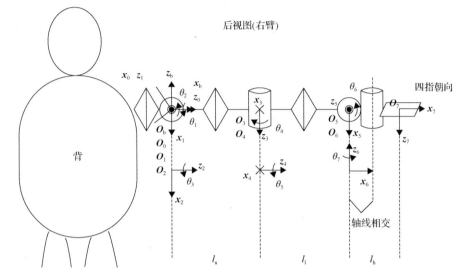

图 2.1　典型的拟人臂运动学模型

表 2.1　典型拟人臂模型 D-H 参数

$^{i-1}T_i$	θ_i	d_i	a_i	α_i
0	$-90°$	0	0	$-90°$
1	$\theta_1\,(90°)$	0	0	$90°$
2	$\theta_2\,(0°)$	0	0	$-90°$
3	$\theta_3\,(90°)$	l_u	0	$90°$
4	$\theta_4\,(0°)$	0	0	$-90°$
5	$\theta_5\,(-90°)$	l_l	0	$90°$
6	$\theta_6\,(90°)$	0	0	$-90°$
7	$\theta_7\,(0°)$	0	l_h	$180°$

　　为了使拟人臂的 7 个关节(这里的关节区别于人臂的多自由度生理关节肩、肘、腕，即每个自由度对应一个机械关节)的运动更具有几何直观性，对以上各个关节的运动进行命名，使其具有感性认识更易被理解，在此称其为动作元素。

　　关节 1 代表"肩外环转-肩内环转"动作元素，控制着大臂绕水平向右轴线的转动，符合右手螺旋定则，旋转矢量方向与轴向方向一致表示外环转，相反表示内环转，θ_1 的正方向代表肩外环转。

　　关节 2 代表"肩平举-肩逆平举"动作元素,控制着大臂向水平向右轴线靠拢远离的运动,靠拢表示平举,远离表示逆平举, θ_2 的正方向代表肩平举。

　　关节 3 代表"肩外自转-肩内自转"动作元素,控制着大臂绕自身轴线的旋转,符合右手螺旋定则,旋转矢量方向从肩指向肘表示外自转,相反表示内自转, θ_3 的正方向代表肩外自转。

　　关节 4 代表"肘伸展-肘屈曲"动作元素,控制着大臂与小臂之间的相对转动,大臂与小臂之间的夹角增大表示伸展,减小表示屈曲, θ_4 的正方向代表肘伸展。

　　关节 5 代表"肘外自转-肘内自转"动作元素,控制着小臂绕自身轴线的旋转,符合右手螺旋定则,旋转矢量方向从肘指向腕表示外自转,相反表示内自转, θ_5 的正方向代表肘外自转。

　　关节 6 代表"腕伸展-腕屈曲"动作元素,控制着手掌与小臂之间的相对转动,符合右手螺旋定则,旋转矢量方向与大拇指方向一致表示屈曲,相反表示伸展, θ_6 的正方向代表腕伸展。

　　关节 7 代表"腕外展-腕内收"动作元素,控制着手掌绕垂直于掌面轴线的转动,符合右手螺旋定则,旋转矢量方向与轴线方向一致表示内收,相反表示外展, θ_7 的正方向代表腕外展。

2.3　人臂三角形空间

　　由于需要对拟人臂的位形进行控制,所以希望可以采用直观的方式对拟人臂的姿态进行表达和描述。针对不同类型的拟人臂,不难发现它们在外形上都存在基本的相似性,即都具有大臂、小臂和手掌三个部分,且肩关节中心、肘关节中心及腕关节中心始终可以构成一个三角形。于是,这里引入一个人臂三角形的概念。如图 2.2 所示,人臂三角形一共由 5 个变量进行参数化表达,其中, r 表示大臂的单位方向矢量; l 表示由大臂和小臂构成的人臂三角形平面的单位法矢量,根据右手螺旋原则确定,螺旋的方向为肘伸展的方向; α 表示大臂和小臂的夹角; f 表示由腕部中心至手掌四指平展的单位方向矢量; p 表示手掌平面的单位法矢量,方向为沿掌心朝外。由于 r、 l、 f、 p 均为单位矢量,且 r、 l 和 f、 p 相互垂直,所以一共有 6 个约束条件,而 4 个三维矢量加上 1 个标量减去 6 个约束,剩下 7 个独立变量。因此,由 5 个变量 (r, l, α, f, p) 构成的人臂三角形空间与由 7 个关节构成的关节空间存在一一对应的关系,也就是说,给定一组人臂三角形变量,就能够唯一确定一个拟人臂的位形。与由一组关节变量确定一个拟人臂位形不同的是,用人臂三角形确定拟人臂位形的方式更为直观。值得注意的是,人臂三角形中的5 个参数与拟人臂的构型尺度无关,它们描述的元素(大臂方向、人臂三角形平面、大臂与小臂夹角、手指方向、手掌方向)存在于所有拟人臂当中,这样就为在此基础上建立的拟人臂运动学模型的通用性打下了坚实的基础。另外值得一提的是，也许人臂三角形不是描述拟人臂整体姿态的唯一一种表达形式，但显而易见的是，人臂三角形是描述拟人臂位形比较简单直观的一种形式。

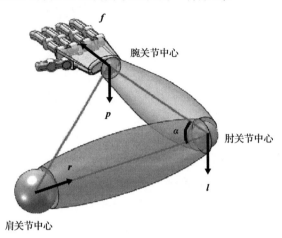

图 2.2　人臂三角形

对于任意一个拟人臂，所有可能的人臂三角形构成一个完整的人臂三角形空间。可以将人臂三角形空间看成传统的关节空间和操作空间之间的一个桥梁，人臂三角形作为一个直观的几何概念可以很方便地用于控制人臂运动过程中的姿态位形，并且使非专业人员也能够根据自己的直观想象描述希望拟人臂到达的位形。因此，一组关节角对应着一个人臂三角形又对应着一个腕部位姿。当进行末端执行器的位姿反解时，首先由末端执行器的位置和姿态反解得到人臂三角形的各个参数，再将人臂三角形的参数转化到关节空间求得各个关节角的角度，实现拟人臂的运动学反解，运动学正解则与之相反。反解时通过人臂三角形这一中间过程可以控制拟人臂的运动过程，符合人臂运动原则与习惯。基于人臂三角形空间的拟人臂运动学正逆解过程如图 2.3 所示。其中，关节空间为 $\theta:\{\theta_1,\theta_2,\theta_3,\theta_4,\theta_5,\theta_6,\theta_7\}$，人臂三角形空间为 $\Delta:\{r,l,\alpha,f,p\}$，操作空间为 $X:\{x,f,p\}$（x 为腕关节中心的坐标，为三维向量）。下面推导各个空间之间的映射关系，即建立新的基于人臂三角形空间的拟人臂运动学。

图 2.3　基于人臂三角形空间的拟人臂运动学正逆解过程示意图

2.4　拟人臂正逆运动学方程求解

对图 2.1 中的典型拟人臂运动学模型进行具体分析，可以得到各个关节与人臂三角形相关变量以及腕部位置和姿态之间的相互影响关系，如图 2.4 所示。

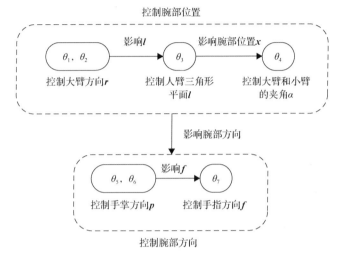

图 2.4　拟人臂几何元素与各关节的关系示意图

由于拟人臂的运动是由串联的关节运动实现的，因而任意关节或关节组对相应拟人臂几何元素进行控制之后会对其下一个几何元素产生一定的影响。因此，对拟人臂各个几何元素的控制存在着先后的顺序。图 2.4 展示了图 2.1 中拟人臂关节对其各个几何元素进行控制的顺序。由图 2.1 和图 2.4 可知，拟人臂的后三个关节通常都是设计为三轴汇交于一点的，因此可以将拟人臂腕部的位置和姿态分开进行讨论：先通过前四个关节来控制腕部的位置，再通过后三个关节对腕部的姿态进行精确控制。实际上，不同构型尺度的拟人臂的几何元素控制顺序都基本相同，有时可能会局部交换几何元素的控制先后顺序，如交换手指方向与手掌方向的控制顺序，但大致上是相同的，因此采用类似的拟人臂几何元素控制顺序分析图就能够方便地分析各个机械关节是如何影响并控制各个几何元素的，这对后面建立基于人臂三角形空间的拟人臂运动学模型有很大帮助。

2.4.1　关节空间与人臂三角形空间之间的正逆运动学算法

1. 逆运动学算法

如图 2.4 所示，关节 θ_1、θ_2 控制着大臂的方向，肘关节中心的理想轨迹集合为以肩关节中心为圆心、大臂长为半径的球面。考虑到肩关节的生理运动范围，这里仅讨论单位半球面的情形。θ_1 控制着肘关节中心所在球面的经度，而 θ_2 控制着纬度。θ_1、θ_2 的零位如图 2.5 所示，θ_1 的范围为 0°～360°，θ_2 的范围为−90°～0°。图 2.5 中共有 4 个坐标系：0 系 $\{Ox_0y_0z_0\}$、1 系 $\{Ox_1y_1z_1\}$、2 系 $\{Ox_2y_2z_2\}$ 和 3 系 $\{Ox_3y_3z_3\}$。其中，0 系为基坐标系，将基坐标系绕其自身的 x_0 轴（关节 1 轴线）旋转 θ_1 得到 1 系，θ_1 的正方向为 x_0（右手螺旋定则）；将 1 系绕自身 z_1 轴（关节 2 轴线）旋转 θ_2 得到 2 系，θ_2 的正方向为 z_1；将 2 系绕自身 z_2 轴（关节 3 轴线）旋转 $\Delta\theta_3$ 得到 3 系，θ_3 正方向为 z_2。

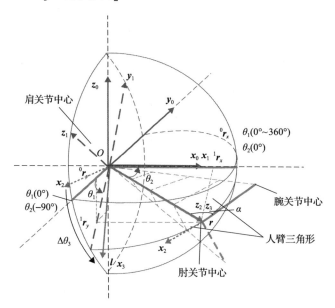

图 2.5　人臂三角形空间到关节空间逆解原理示意图（肩肘关节）

θ_1 的具体计算公式为

$$\theta_1 = \arccos\left(\frac{-{}^0r_y}{\sqrt{{}^0r_y^2 + {}^0r_z^2}}\right) \tag{2.1}$$

如果 $-r_z < 0$，那么 $\theta_1 = 2\pi - \theta_1$，$\theta_1 \in [0, 2\pi]$。

${}^0r({}^0r_x, {}^0r_y, {}^0r_z)^T$ 是大臂单位方向矢量在基坐标系中的坐标（以下未注明的矢量均为列矢量），通过坐标变换在 1 系中可表示为

$$ {}^1r = {}^TR(x, \theta_1) \cdot {}^0r$$

$$\theta_2 = -\arccos\frac{{}^1\boldsymbol{r}_x}{\sqrt{\left({}^1\boldsymbol{r}_x\right)^2 + \left(-{}^1\boldsymbol{r}_y\right)^2}}, \quad \theta_2 \in \left[-\pi/2, 0\right] \tag{2.2}$$

θ_3 控制着人臂三角形平面方向，θ_4 控制着大臂与小臂的夹角。θ_3 的初始值为 90°，其变化范围为 -90°～270°，当大臂与小臂为一条直线时，θ_4 为 0°，其变化范围为 -180°～0°。当 θ_3 为初始值 90° 时，θ_1、θ_2 在其变化范围内任意变化，人臂三角形平面单位法向量始终为肘关节中心位于半球上经线的切线方向，且朝向 $\boldsymbol{x}$ 轴负方向。将大臂的方向定义为 2 系和 3 系的 $\boldsymbol{z}$ 轴方向，3 系为 2 系绕自身 $\boldsymbol{z}$ 轴旋转 $\Delta\theta_3$ 得到，其中 $\Delta\theta_3 = \theta_3 - 90°$。3 系的 $\boldsymbol{x}$ 轴为当前人臂三角形的参数 $\boldsymbol{l}$，2 系的 $\boldsymbol{x}$ 轴为半球表面过肘关节中心经线的切线方向，也就是当 $\theta_3 = 90°$ 时人臂三角形平面单位法向量的方向。因此，θ_3 可由 2 系和 3 系之间的旋转矩阵表征的 $\Delta\theta_3$ 求得。

令 ${}^0\boldsymbol{R}_2 = (\boldsymbol{x}_2, \boldsymbol{y}_2, \boldsymbol{z}_2)$，${}^0\boldsymbol{R}_3 = (\boldsymbol{x}_3, \boldsymbol{y}_3, \boldsymbol{z}_3)$，其中，${}^0\boldsymbol{R}_2$ 和 ${}^0\boldsymbol{R}_3$ 分别表示 2 系和 3 系相对于 0 系的旋转矩阵。

$$\boldsymbol{z}_2 = \boldsymbol{z}_3 = {}^0\boldsymbol{r}, \quad \boldsymbol{x}_2 = \boldsymbol{R}(\boldsymbol{x}, \theta_1) \cdot \begin{pmatrix} -\sin(-\theta_2) \\ -\cos(-\theta_2) \end{pmatrix}, \quad \boldsymbol{x}_3 = {}^0\boldsymbol{l}$$

$$\boldsymbol{y}_2 = \boldsymbol{z}_2 \times \boldsymbol{x}_2, \quad \boldsymbol{y}_3 = \boldsymbol{z}_3 \times \boldsymbol{x}_3$$

由 ${}^2\boldsymbol{R}_3 = {}^0\boldsymbol{R}_2^{\mathrm{T}} \cdot {}^0\boldsymbol{R}_3 = \boldsymbol{R}(\boldsymbol{z}, \Delta\theta_3)$ 可得

$$\begin{cases} \boldsymbol{x}_2 \cdot \boldsymbol{x}_3 = \cos(\Delta\theta_3) \\ \boldsymbol{y}_2 \cdot \boldsymbol{x}_3 = \sin(\Delta\theta_3) \end{cases}$$

其中，$\boldsymbol{x}_2 \cdot \boldsymbol{x}_3$ 表示矢量 $\boldsymbol{x}_2$ 和 $\boldsymbol{x}_3$ 的点积。因此，有

$$\Delta\theta_3 = \arccos(\boldsymbol{x}_2 \cdot \boldsymbol{x}_3)$$

如果 $\boldsymbol{y}_2 \cdot \boldsymbol{x}_3 < 0$，那么 $\Delta\theta_3 = -\Delta\theta_3$，可得

$$\theta_3 = \frac{\pi}{2} + \Delta\theta_3, \quad \theta_3 \in \left[\frac{-\pi}{2}, \frac{3\pi}{2}\right] \tag{2.3}$$

$$\theta_4 = \alpha - \pi, \quad \theta_4 \in [-\pi, 0] \tag{2.4}$$

综上所述，根据式 (2.1)～式 (2.4) 能够通过人臂三角形中的几何元素 $\boldsymbol{r}$、$\boldsymbol{l}$、α 求解控制这些元素的前四个机械关节角。接下来，根据附加的指定的几何元素 $\boldsymbol{f}$、$\boldsymbol{p}$ 可以求解后三个关节角的大小。

如图 2.4 所示，前四个关节的角度会对腕部的方位产生影响，具体表现为当后三个关节保持表 2.1 中的默认值不运动时，腕部的姿态会随着前四个关节的变

化而变化。为了求解后三个关节的转角，首先需要确定当后三关节不动时手指和手掌的方向。建立坐标系 $4\{x_4, y_4, z_4\}$，其中 x_4 与 z_4 的方向分别为后三个关节位于默认值时手指和手掌的方向，可以得到

$$x_4 = ({}^0r, {}^0l \times {}^0r, {}^0l)R(z, (\alpha - 180))(1,0,0)^T \tag{2.5}$$

$$z_4 = {}^0l \tag{2.6}$$

$$y_4 = z_4 \times x_4 \tag{2.7}$$

其中，$({}^0r, {}^0l \times {}^0r, {}^0l)$ 表示由三个三维列矢量构成的三维方阵；$R(z, (\alpha - 180))$ 表示绕 z 轴旋转 $\alpha - 180°$ 的旋转矩阵；$(1,0,0)^T$ 表示行向量 $(1,0,0)$ 的转置；$z_4 \times x_4$ 表示 z_4 与 x_4 的叉乘积。接下来将手指和手掌在基坐标系 0 系中的单位方向矢量 ${}^0f$、${}^0p$ 变换到 4 系中，得

$$ {}^4f = (x_4, y_4, z_4)^T \, {}^0f $$

$$ {}^4p = (x_4, y_4, z_4)^T \, {}^0p $$

得到 ${}^4f$ 与 ${}^4p$ 之后，可以剔除前四个关节对腕部方位的影响，求解后三个关节的转角。根据图 2.4 所示的后三个关节与腕部方向之间的关系，首先通过 5、6 关节对手掌方向进行控制，进而通过 7 关节控制手指方向。如图 2.6 所示，首先通过 5 关节将 4 系变换至 5 系 $\{x_5, y_5, z_5\}$，然后通过 6 关节将 5 系变换到 6 系 $\{x_6, y_6, z_6\}$

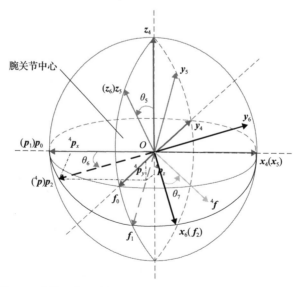

图 2.6　人臂三角形空间到关节空间逆解原理示意图(腕关节)

确定 $^4\boldsymbol{p}$，最后通过 7 关节旋转保持 $^4\boldsymbol{p}$ 方向不变确定 $^4\boldsymbol{f}$，5、6、7 关节的旋转正方向为 $\boldsymbol{x}_4$、$\boldsymbol{z}_5$、$\boldsymbol{y}_6$ 的正方向。值得注意的是，当 $\theta_5 = \theta_6 = \theta_7 = 0$，即零位时，手指方向 $\boldsymbol{f}_0$ 为 $\boldsymbol{y}_0$ 的负方向，而手掌方向 $\boldsymbol{p}_0$ 为 $\boldsymbol{x}_0$ 的负方向，这与 θ_5、θ_6、θ_7 为默认值时的手指方向为 $\boldsymbol{x}_0$ 和手掌方向的 $\boldsymbol{z}_0$ 有所不同。求解 θ_5、θ_6、θ_7 的值是相对于零位的，并不是相对默认值的。

具体计算公式为

$$\theta_5 = \arccos\left(\frac{-{}^4\boldsymbol{p}_y}{\sqrt{{}^4\boldsymbol{p}_y{}^2 + {}^4\boldsymbol{p}_z{}^2}} \right) \tag{2.8}$$

如果 $^4\boldsymbol{p}_z > 0$，那么 $\theta_5 = 2\pi - \theta_5$，$\theta_5 \in [0, 2\pi]$。

$$\theta_6 = \arccos\left(\frac{-{}^4\boldsymbol{p}_x}{\sqrt{{}^4\boldsymbol{p}_x{}^2 + {}^4\boldsymbol{p}_y{}^2 + {}^4\boldsymbol{p}_z{}^2}} \right), \quad \theta_6 \in [0, \pi] \tag{2.9}$$

$$\boldsymbol{x}_6 = (\sin\theta_6, -\cos\theta_6\cos\theta_5, -\cos\theta_6\sin\theta_5)^{\mathrm{T}} \tag{2.10}$$

$$\boldsymbol{y}_6 = -{}^4\boldsymbol{p} \tag{2.11}$$

$$\theta_7 = \arccos(\boldsymbol{x}_6 \cdot {}^4\boldsymbol{f}) \tag{2.12}$$

如果 $(\boldsymbol{y}_6 \times \boldsymbol{x}_6) \cdot {}^4\boldsymbol{f} < 0$，那么 $\theta_7 = -\theta_7$，$\theta_7 \in [-\pi, \pi]$。其中，$^4\boldsymbol{p}\left({}^4\boldsymbol{p}_x, {}^4\boldsymbol{p}_y, {}^4\boldsymbol{p}_z\right)^{\mathrm{T}}$ 是手掌单位方向矢量在 4 系中的坐标，$\boldsymbol{x}_6 \cdot {}^4\boldsymbol{f}$ 表示 $\boldsymbol{x}_6$ 和 $^4\boldsymbol{f}$ 的点积。因此，根据式 (2.8)、式 (2.9) 及式 (2.12) 可以求解控制人臂三角形几何元素 $\boldsymbol{f}$、$\boldsymbol{p}$ 的后三个机械关节角。

2. 正运动学算法

拟人臂的关节空间到人臂三角形的正运动学算法相对简单。根据逆运动学的推导可知，将基坐标系 0 系绕 $\boldsymbol{x}$ 轴旋转 θ_1，再绕 $\boldsymbol{z}$ 轴旋转 $\theta_2 + \pi/2$（绕动坐标系旋转），$\boldsymbol{r}$ 在此时坐标系下的坐标为 $(0, -1, 0)^{\mathrm{T}}$，则 $\boldsymbol{r}$ 在基坐标系的坐标为

$$\boldsymbol{r} = \boldsymbol{R}(\boldsymbol{x}, \theta_1) \cdot \boldsymbol{R}\left(\boldsymbol{z}, \theta_2 + \frac{\pi}{2}\right) \begin{pmatrix} 0 \\ -1 \\ 0 \end{pmatrix} = \begin{pmatrix} \cos\theta_2 \\ \cos\theta_1\sin\theta_2 \\ \sin\theta_1\sin\theta_2 \end{pmatrix} \tag{2.13}$$

在以上二次旋转的基础上，再绕 $\boldsymbol{y}$ 轴旋转 $\dfrac{\pi}{2} - \theta_3$（绕动坐标系旋转），$\boldsymbol{l}$ 在此时

坐标系下的坐标为 $(-1,0,0)^T$，则 l 在基坐标系的坐标为

$$l = R(x,\theta_1) \cdot R\left(z,\theta_2 + \frac{\pi}{2}\right) \cdot R\left(y,\frac{\pi}{2} - \theta_3\right) \cdot \begin{pmatrix} -1 \\ 0 \\ 0 \end{pmatrix}$$

$$= \begin{pmatrix} \sin\theta_2\sin\theta_3 \\ -\cos\theta_1\cos\theta_2\sin\theta_3 - \sin\theta_1\cos\theta_3 \\ -\sin\theta_1\cos\theta_2\sin\theta_3 + \cos\theta_1\cos\theta_3 \end{pmatrix} \tag{2.14}$$

$$\alpha = \pi + \theta_4 \tag{2.15}$$

根据图 2.6，可以求解出 ^4f、^4p 为

$$^4p = (-\cos\theta_6, -\sin\theta_6\cos\theta_5, -\sin\theta_6\sin\theta_5)^T$$

$$^4f = (x_6, y_6 \times x_6, y_6)R(z,\theta_7)(1,0,0)^T$$

其中，x_6、y_6 可由式(2.7)和式(2.8)得到，进而可以求解 f、p，即 ^0f、^0p 为

$$f = (x_4, y_4, z_4)\,^4f \tag{2.16}$$

$$p = (x_4, y_4, z_4)\,^4p \tag{2.17}$$

其中，x_4、y_4 和 z_4 可分别由式(2.5)、式(2.6)和式(2.7)得到。因此，根据式(2.13)～式(2.17)，可以实现利用 7 个关节角来求解人臂三角形的 5 个几何元素。

2.4.2　人臂三角形空间与操作空间之间的正逆运动学算法

1. 逆运动学算法

通常描述腕部的姿态可以用旋转矩阵、欧拉角或者四元数等工具，本书中直接采用人臂三角形的几何元素手指方向 f 和手掌方向 p 进行表达，它们相当于旋转矩阵代表的坐标系中的两个单位主向量，另外一个单位主向量可以由它们的叉乘积确定。将人臂三角形和操作空间之间的腕部姿态描述设为相同，则可以只处理人臂三角形与腕部位置之间的关系，从而使这两个空间之间的映射变得简单。接下来根据图 2.4 推导人臂三角形中的几何元素 r、l、α 与腕关节中心位置之间的关系。一组人臂三角形元素 r、l、α 对应着 4 个输入自由度，即 r、l 是单位正交向量，具有三个约束，因此总共有 7–3=4 个自由度，而腕关节中心具有 3 个输出自由度。这也就是说拟人臂的位置控制是具有冗余度的，即由操作空间的一个位置点到人臂三角形空间的相应位形解有无穷多个。这个冗余的自由度可以直观

地理解为人臂三角形可以绕着肩关节中心点和腕关节中心点构成的"肩-腕"轴线做 360° 的旋转。那么如何确定哪一个人臂三角形是逆解的目标呢？其中的关键是确定人臂三角形所在的平面。给出这样的一个平面就相当于增加了一个约束，从而可以唯一确定人臂三角形的位形。在实际操作中，这个平面可以由用户自由给定。不失一般性，假设这个约束可以由操作空间的指定任务给出，这里提出一个"工作平面"的概念。假设指定的操作任务在拟人臂的操作空间中给定一些腕关节中心必须通过的任务关键点，任意相邻的两个任务关键点和肩关节中心点就可以构成一个平面，这个平面就是工作平面。实际上，目前已有相关的实验研究结果[11]表明，人臂的运动在某些时候倾向于人臂三角形绕"肩-腕"构成的轴线几乎不做旋转，即在运动过程中始终保持在一个平面上，即本章定义的工作平面。

通过相邻的两个任务关键点加上肩关节的中心点可以确定一个工作平面。对于每个位于中间的操作任务关键点，对应着两个拟人臂工作平面，即两个人臂三角形。一个是与前一个关键点构成的工作平面上的人臂三角形，称为入时人臂三角形。另一个是与后一个关键点构成的工作平面的人臂三角形，称为出时人臂三角形。其中，初始关键点只有出时人臂三角形，而结束关键点只有入时人臂三角形。

令当前拟人臂腕关节中心点为 C(current point)，前一个关键点为 P(previous point)，后一个关键点为 F(following point)，肩关节中心点为 O(original point)。入时人臂三角形的参数为 r_{in}、l_{in}、α，出时人臂三角形的参数为 r_{out}、l_{out}、α（大臂和小臂夹角不变）。算法示意图如图 2.7 所示。

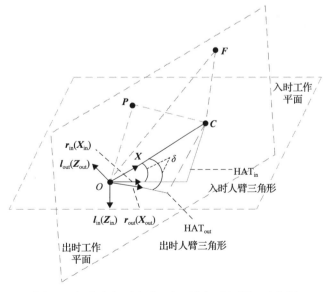

图 2.7　操作空间到人臂三角形空间逆解原理示意图

以右臂为例，具体算法过程介绍如下。

对于入时人臂三角形有

$$\alpha = \arccos\frac{l_u^2 + l_1^2 - |OC|^2}{2l_u l_1} \tag{2.18}$$

if $\arccos\left(\dfrac{x_p}{\sqrt{x_p^2 + y_p^2}}\right) > \arccos\left(\dfrac{x_c}{\sqrt{x_c^2 + y_c^2}}\right)$ （若 P 点位于 C 点的左侧）

then $L_{in} = OP \times OC$

else if $\arccos\left(\dfrac{x_p}{\sqrt{x_p^2 + y_p^2}}\right) < \arccos\left(\dfrac{x_c}{\sqrt{x_c^2 + y_c^2}}\right)$ （若 P 点位于 C 点的右侧）

then $L_{in} = OC \times OP$

else $\arccos\left(\dfrac{x_p}{\sqrt{x_p^2 + y_p^2}}\right) = \arccos\left(\dfrac{x_c}{\sqrt{x_c^2 + y_c^2}}\right)$ （若 P 点与 C 点在同一个垂直面上）

if $\arctan\left(\dfrac{z_p}{\sqrt{x_p^2 + y_p^2}}\right) > \arctan\left(\dfrac{z_c}{\sqrt{x_c^2 + y_c^2}}\right)$ （若 P 点相对于水平面的仰角大于 C 点）

then $L_{in} = OP \times OC$

else if $\arctan\left(\dfrac{z_p}{\sqrt{x_p^2 + y_p^2}}\right) < \arctan\left(\dfrac{z_c}{\sqrt{x_c^2 + y_c^2}}\right)$ （若 P 点相对于水平面的仰角小于 C 点）

then $L_{in} = OC \times OP$

else $\arctan\left(\dfrac{z_p}{\sqrt{x_p^2 + y_p^2}}\right) = \arctan\left(\dfrac{z_c}{\sqrt{x_c^2 + y_c^2}}\right)$ （若 OP 与 OC 共线）

then L_{in} 任意

$$l_{in} = \frac{L_{in}}{|L_{in}|} \tag{2.19}$$

$$r_{in} = \left(\frac{OC}{|OC|} \quad l_{in} \times \frac{OC}{|OC|} \quad l_{in}\right) \cdot R(z, \delta) \cdot \begin{pmatrix} 1 \\ 0 \\ 0 \end{pmatrix} \tag{2.20}$$

其中，$X_p(x_p, y_p, z_p)$ 和 $X_c(x_c, y_c, z_c)$ 分别为前一个任务关键点和当前任务关键点的坐标；$R(z, \delta)$ 是旋转矩阵，表示坐标系统自身的 z 轴旋转 δ，δ 是大臂与 OC 的

夹角，即

$$\delta = \arccos\frac{|\boldsymbol{OC}|^2 + l_u^{\;2} - l_1^{\;2}}{2|\boldsymbol{OC}|l_u}$$

对于出时人臂三角形，其 $\boldsymbol{L}_{out}$ 的判别算法与 $\boldsymbol{L}_{in}$ 类似，在此不再赘述。

$$\boldsymbol{L}_{out} = \boldsymbol{OC} \times \boldsymbol{OF} \text{或} \boldsymbol{OF} \times \boldsymbol{OC}, \qquad l_{out} = \frac{\boldsymbol{L}_{out}}{|\boldsymbol{L}_{out}|} \tag{2.21}$$

$$\boldsymbol{r}_{out} = \begin{pmatrix} \dfrac{\boldsymbol{OC}}{|\boldsymbol{OC}|} & l_{out} \times \dfrac{\boldsymbol{OC}}{|\boldsymbol{OC}|} & l_{out} \end{pmatrix} \cdot \boldsymbol{R}(z,\delta) \cdot \begin{pmatrix} 1 \\ 0 \\ 0 \end{pmatrix} \tag{2.22}$$

因此，利用式(2.18)～式(2.22)可以根据腕关节中心位置来逆解实现该位置的出时/入时人臂三角形位形。

2. 正运动学算法

拟人臂的人臂三角形空间到操作空间正运动算法相对于逆运动学算法要简单许多。定义一个新的坐标系与基坐标系 0 系原点重合，将新坐标系的 x 轴设为人臂三角形的大臂单位向量 $\boldsymbol{r}$，z 轴设为人臂三角形平面的单位法向量 $\boldsymbol{l}$，则此时拟人臂的腕关节中心位置在新坐标系下的坐标为

$$\boldsymbol{X'} = (l_u + l_1\cos(\pi - \alpha) \quad -l_1\sin(\pi - \alpha) \quad 0)^{\mathrm{T}}$$

通过坐标变换算法该位置点在基坐标系下的坐标为

$$\boldsymbol{X} = \begin{pmatrix} x \\ y \\ z \end{pmatrix} = (\boldsymbol{r} \quad \boldsymbol{l} \times \boldsymbol{r} \quad \boldsymbol{l}) \begin{pmatrix} l_u + l_1\cos(\pi - \alpha) \\ -l_1\sin(\pi - \alpha) \\ 0 \end{pmatrix} \tag{2.23}$$

由式(2.23)可以通过人臂三角形参数 $\boldsymbol{r}$、$\boldsymbol{l}$、α 求解拟人臂腕关节中心位置 $\boldsymbol{X}$。

2.5　仿　真　算　例

根据以上建立的拟人臂正逆运动学模型，可以很方便地在拟人臂的三个表达空间内进行转换。在实际中，使用更多的是逆运动学，即已知拟人臂腕部的位置和方向，求解拟人臂的位形及实现该位形的各个关节角。

首先对只考虑腕部位置的情况进行仿真。设拟人臂大臂和小臂的长度均为 1，其肩关节中心设为基坐标系原点 O_b。拟人臂腕关节中心当前位置在基坐标系下的坐标为 $C(0.5, 0.8, 0.5)$，相邻的前后目标点为 $P(0, 0.8, 0)$、$F(1, 0.5, 0.2)$，则由操作空间到人臂三角形空间的逆运动学可知 O_b、C、P 三点确定了拟人臂的入时工作平面，而 O_b、C、F 三点确定了拟人臂的出时工作平面。利用关节空间到人臂三角形空间的逆运动学算法求得相对应的入时人臂三角形和出时人臂三角形的参数（均在基坐标系下描述）：

$$(r_{in}, l_{in}, \alpha) = ((0.70, -0.16, 0.70)^T, (0.71, 0, -0.71)^T, 1.13)$$

$$(r_{out}, l_{out}, \alpha) = ((0.99, 0.14, -0.06)^T, (-0.13, 0.58, -0.80)^T, 1.13)$$

其中，α 的单位为 rad。得到入时人臂三角形和出时人臂三角形的全部参数后，再利用人臂三角形空间到关节空间的逆运动学算法得到其对应的各个关节转角值（单位为 rad）：

$$(\theta_1, \theta_2, \theta_3, \theta_4)_{in} = (4.94, -0.80, 4.55, -2.02)$$

$$(\theta_1, \theta_2, \theta_3, \theta_4)_{out} = (2.70, -0.15, 1.08, -2.02)$$

入时/出时人臂三角形仿真结果如图 2.8 和图 2.9 所示。

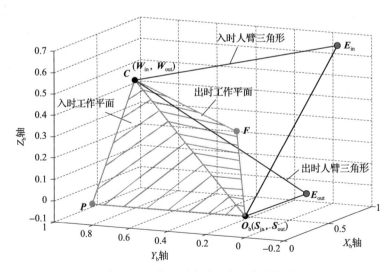

图 2.8　入时/出时人臂三角形仿真结果

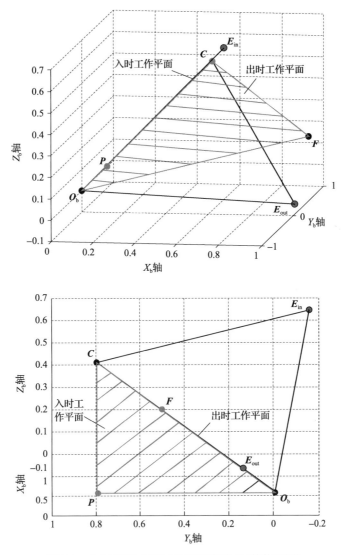

图 2.9　入时/出时人臂三角形仿真结果(其他视图)

如图 2.8 所示，由 $(\theta_1,\theta_2,\theta_3,\theta_4)_{\text{in}}$、$(\theta_1,\theta_2,\theta_3,\theta_4)_{\text{out}}$ 绘制的拟人臂位形对应的人臂三角形分别为入时人臂三角形 $\triangle S_{\text{in}}E_{\text{in}}W_{\text{in}}$ 和出时人臂三角形 $\triangle S_{\text{out}}E_{\text{out}}W_{\text{out}}$，阴影区域分别表示了入时工作平面和出时工作平面。由图 2.9 可以看到，$\triangle S_{\text{in}}E_{\text{in}}W_{\text{in}}$ 和 $\triangle S_{\text{out}}E_{\text{out}}W_{\text{out}}$ 分别位于由 $\triangle O_b CP$ 确定的入时工作平面和 $\triangle O_b CF$ 确定的出时工作平面上。利用关节空间与人臂三角形空间以及人臂三角形空间与操作空间之间的正运动学算法验证了运动学逆解的正确性，证明了拟人臂的正/逆运动学关于腕部位置部分的算法的有效性。因此，可以确定拟人臂在每个操作空间指定关键

点对应的入时/出时两个人臂三角形(初始点和结束点除外),从而确定拟人臂的相关姿态。

　　接下来验证含腕关节方向的正逆运动学算法。假设拟人臂的大臂和小臂长度分别为 363.5mm 和 340.0mm,并假设期望拟人臂的腕关节中心点在基坐标系中的坐标为 $X = (340.5, 502.8, 66.3)$mm,而期望的腕部方向为 $f = (0,1,0)^{\mathrm{T}}$、$p = (0,0,1)^{\mathrm{T}}$。另外,假设根据操作任务的其他关键点位置能够确定拟人臂的工作平面约束为 $l = (-0.83, 0.56, 0)^{\mathrm{T}}$,则根据关节空间与人臂三角形空间和人臂三角形空间与操作空间之间的逆运动学算法,可以分别得到对应的人臂三角形参数和所有的关节角,即

$$r = (0.52, 0.77, -0.38)^{\mathrm{T}}, \quad l = (-0.83, 0.56, 0)^{\mathrm{T}}$$

$$\alpha = 2.10, \quad f = (0,1,0)^{\mathrm{T}}, \quad p = (0,0,1)^{\mathrm{T}}$$

$$(\theta_1, \theta_2, \theta_3, \theta_4, \theta_5, \theta_6, \theta_7) = (2.68, -1.03, 1.82, -1.04, 0, 2.22, -0.60)$$

拟人臂运动学模型的具体仿真结果如图 2.10 所示。

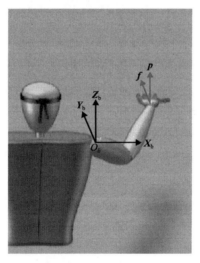

图 2.10　拟人臂运动学模型的仿真结果示意图

2.6　本　章　小　结

　　为了控制拟人臂运动过程中的位形和姿态,本章首先提出了一个人臂三角形的数学工具用以描述整个拟人臂的姿态。所有人臂三角形构成的人臂三角形空间

和传统的关节空间与操作空间共同构成了从不同角度描述拟人臂状态的表达空间；随后，将人臂三角形空间看成连接这两个传统表达空间的一个中间桥梁，用以控制逆解过程中对拟人臂位形的控制；建立了三个空间相互之间的映射关系，即建立了基于人臂三角形空间的新颖的拟人臂运动学模型，利用该运动学模型中的算法，可以直观地控制期望拟人臂实现的位形。

　　值得注意的是，提出的人臂三角形包含的 5 个几何元素参数大臂方向、人臂三角形平面方向、大臂小臂夹角、手指方向及手掌方向均是独立于拟人臂具体的关节结构配置与大小臂尺度的，因此该方法可以很容易地拓展到其他拟人臂上，具有很好的通用性。本章虽然采用典型的拟人臂模型进行介绍，但是只要给定拟人臂的运动学模型，在如图 2.4 所示分析各个关节与人臂三角形几何元素之间的关系后，就可以采用非常类似的方法推导出具体的拟人臂运动学模型。

参 考 文 献

[1] Mi Z, Yang J J, Abdel-Malek K. Optimization-based posture prediction for human upper body[J]. Robotica, 2009, 27(4): 607-620.

[2] Yoshikawa T. Manipulability of robotic mechanisms[J]. The International Journal of Robotics Research, 1985, 4(2): 3-9.

[3] Khatib O. Real-time obstacle avoidance for manipulators and mobile robots[J]. The International Journal of Robotics Research, 1986, 5(1): 90-98.

[4] 丁希仑. 拟人双臂机器人技术[M]. 北京: 科学出版社, 2011.

[5] 方承, 丁希仑. 面向人臂三角形动作基元的拟人臂运动学[J]. 机器人, 2012, 34(3): 257-264.

[6] Ding X, Fang C. A novel method of motion planning for an anthropomorphic arm based on movement primitives[J]. ASME Transactions on Mechatronics, 2013, 18(2): 624-636.

[7] Fang C, Ding X. A set of basic movement primitives for anthropomorphic arms[C]. International Conference on Mechatronics and Automation, Takamastu, 2013: 639-644.

[8] Ding X, Fang C. A motion planning method for an anthropomorphic arm based on movement primitives of human arm triangle[C]. International Conference on Mechatronics and Automation, Chengdu, 2012: 303-310.

[9] 戴红. 人体运动学[M]. 北京: 人民卫生出版社, 2008.

[10] Denavit J, Hartenberg R S. A kinematic notation for lower-pair mechanism based on matrices[J]. Transactions of the ASME Journal of Applied Mechanics, 1955, 22: 215-221.

[11] Berman S, Liebermann D G, Flash T. Application of motor algebra to the analysis of human arm movements[J]. Robotica, 2008, 26(4): 435-451.

第3章　动作基元与动作序列

3.1　引　言

很早就有研究人员关注到人类手臂的运动生成机理的研究。解剖学、人体运动学等学科的研究人员主要将重点放在运动产生的生理基础上，如关节的结构、肌肉的功能等。有研究者建立了生理关节和机械关节的对应关系，如肩关节的运动可由一个球关节实现；根据肌肉的功能对肌肉进行分组。脑科学、神经生理学等学科的研究人员主要从运动控制的角度分析人类手臂的运动特征，发掘一些定性的原则。例如，人类通过协同的方式产生运动，以减少自由度，降低控制和驱动的难度[1]；在神经、肌肉和运动学等层面存在模块化的划分，通过这些模块的组合产生复杂的运动[2]。生理学中对于人类手臂运动机理的解析主要通过先提出假说，然后分析人体运动数据对假说进行验证。但是，由于人类手臂运动具有复杂性，而描述运动机理的模型不具有直观性，很难提出一个完整的假说来覆盖所有的运动。因此，目前建立起来的模型多适用于平面运动或三维空间指向动作等简单运动，无法解释同时涉及位置和姿态及末端约束的复杂运动。

拟人机械臂和人类手臂虽然在构型和功能方面比较相似，但是本质上有很大区别。人类手臂虽然可以抽象为 7 个自由度[3]，但这仅是从功能实现的角度来说的，即配置 7 个转动副、构成 S-R-S 构型的拟人机械臂能够完成人类手臂的所有动作。从结构特点和驱动方式来看，人类手臂的关节是靠骨骼和肌肉构成和驱动的，肩关节、肘关节和腕关节等生理关节通常以整体的形式进行动作，其具体的运动参数，如转动轴线，随任务的不同而变化，具有很强的灵活性；而拟人机械臂的各个关节满足固定的运动学关系，是独立驱动的。从运动特征来看，生理关节具有灵活性，在完成具体任务时，人类手臂并不是始终以 7 自由度臂的形态出现的，有时为了降低运动控制的负担、增强稳定性，人类手臂运动倾向于减少自由度[1]；而拟人机械臂则需要通过合理的配合和控制实现各关节的联动，以达到期望的效果。

为了得到拟人化的运动，在机器人领域一般通过建立拟人机械臂的数学模型，将问题转化为一个优化问题。常见的优化目标有避关节极限[4]和避障[5]等，这些优化目标反映了人类的一些习性，但是表达在机械臂的关节空间或操作空间中，与人类的生理关节没有直接的联系。例如，避关节极限，人类同样倾向于避开生理关节的运动极限；但是在人体中找不到对应的转动关节，因而它并不能从根本上刻画运动的拟人性。Zacharias 等引入人体工程学中的"快速上肢评估"（rapid upper limb accessment，RULA)[6]，对关节空间进行划分，并评估每个构型；采用搜索算法找到一条最舒适的轨迹，从而获得拟人的运动。采用搜索算法进行运动规划的先天缺陷在于产生运动的不一致性，对于同一任务，多次规划会产生不一致的运动。由于搜索算法具有不连续性，需要采用顺滑算法对运动轨迹进行平滑处理。另外，搜索算法是在关节空间中进行的，需要较大的计算量[7]。

另外，拟人运动规划可以通过演示学习(programming by demonstration，PbD)直接模仿人类的动作。Ijspeert 等提出了动态运动基元(dynamic movement primitive，DMP)学习人类的运动[8]。Vakanski 等采用隐马尔可夫模型对人的动作进行学习[9]。PbD 方法一般仅适用于固定任务，当机器人碰到不同的作业场景时，需要重新学习[10]。为了适应新的场景，近年来常采用强化学习(reinforcement learning，RL)对已学习到的运动进行调整[11,12]，但是这种调整的裕量较小，只能微调机械臂的运动。

在对人类上肢运动的研究中，神经生理学学科的研究者发现了一些人类手臂的运动规律。例如，自然界中通常会出现利用有限的元素构造复杂系统的现象，如基因序列、人类的语言等，人体运动的生成也遵循这一规律[13]。Flash 等指出在神经、动力学和运动学层面都存在运动基元及组合这些运动基元的模块[2]。对于无约束的点到点运动，人类手臂关节的运动速度曲线是一个非对称、单峰、钟形的曲线[14,15]，这些定性的原则能够指导拟人化运动规划模型的建立。

因此，本书在第 2 章中建立了基于人臂三角形空间的拟人臂运动学模型。建立该运动学模型的目的是更好、更直观地控制整个拟人臂的运动过程，其研究的是拟人臂各姿态下操作空间、人臂三角形空间与关节空间之间的相互映射关系。本章借鉴神经生理学中关于人类上肢的运动生成机理理论，基于第 2 章建立的拟人臂运动学模型，提出动作基元的概念以及利用动作基元的组合产生动作序列的思想。

3.2　动作基元的概念

最新的神经生理学方面的研究表明：脊椎动物和无脊椎动物的运动是由动作基元组成的[2]。整个运动集合或空间是通过对它们应用一些定义好的操作基元与变换而张成的，也就是说动作元素构成实现具体操作任务的方式就如同字母以一定的规则组成单词，再由一定的语法规则组合成一个句子一样，是先构成具有特定含义和功能的动作基元再组合成具体行为的。同样，人臂在不断练习完成大量各式各样复杂的操作任务后，形成了许多宝贵的操作经验，并逐渐演化出许多运动范式，各个动作元素开始以某种特定的方式组合形成有意义的动作模块，即动作基元，如举手、挥手、推、拉等。这样在进行这些动作基元时只需要启动相应的运动范式即可，而不需要思考各个关节具体如何运动，并且通过如同搭积木一样的简单组合就可以完成复杂的操作任务,人类通过这种方式可以减轻在面临大量繁杂操作任务时的思维负担。本书尝试将动作基元的思想融入传统的机器人臂任务-运动规划中,提出一套新颖的面向复杂操作任务的拟人臂任务运动一体化规划方法。

3.3　人类手臂运动的原则

最近的神经生理学方面的研究结果在各个层面上都证实了动作基元的存在。本书将动作基元作为人臂运动的一个最基本的运动原则,即人臂运动原则 1,从该原则出发,将继续从有关的神经生理学方面的文献中找寻相关的人臂运动原则,希望能够借此获得一些有助于构建拟人臂任务运动规划框架的线索。在寻找这些线索之前首先需要回答第一个问题:如何从人臂运动中得到动作基元。这个问题又可以分解为两个相对较小的问题:在哪儿寻找这些动作基元,如何提取动作基元。这两个问题引导作者找到了人臂运动原则 2 和 3(在下面列举)。接着,当这些动作被恰当地提取得到之后,需要回答第二个问题:如何描述这些提取的动作基元。因为在本书后续章节中将要讨论的是拟人臂的任务运动规划问题,所以本章仅仅需要找到动作基元在运动学层面上的主要特征。通过这些运动特征恰当地对它们进行描述,这就是找到人臂运动原则 4、5 和 6 的动机。最后,当这些提取的动作基元恰如其分地表达就绪之后,还需要寻找一些原则来连接组织它们。因此,作者找到人臂运动原则 7 和 8 负责动作基元之间的简单连接,同时发现人臂运动原则 9 和 10 使这些人臂的动作基元以某种结构化的方式进行层级化的组织。这样,通过以上关于动作基元的三个基本问题:如何获取动作基元,如何表达动作基元,以及如何连接动作基元,可找到重要的人臂运动原则选取寻找思路,如图 3.1 所示。

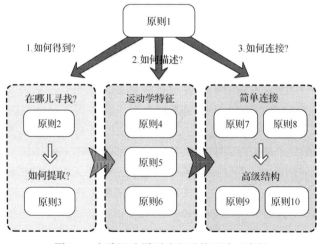

图 3.1　人臂运动原则选取寻找思路示意图

　　具体的 10 个人臂运动原则如下。

　　原则 1：人臂的运动是由动作基元组成的[16-23]。

　　人臂的运动在运动学[16,18]、动力学[17,19]、肌肉协同[20,21]、大脑运动皮层[22,23]等各个层面都展现出了"基元"的特性。在本书中主要关注运动学层面上的"动作基元"。

　　原则 2：人臂的运动规划是在关节空间和操作空间中融合进行的[24-27]。

　　研究表明，根据不同的运动特点，人臂有时候关注的是整个手臂的姿态，如伸展手臂运动，而有的时候关注的是手部的位置和方向，如到达-抓取运动。

　　原则 3：人臂的动作基元采用几何规则性原则进行分割提炼[28,29]。

　　人类大脑中存在着镜像神经系统。人们在观察到一个演示者做某个动作或者自身执行同样的动作时，镜像神经系统中的相同神经元就会被激活。这暗示着人们感知运动采用的运动表达结构与执行动作采用的运动组织结构是一致的。显然，人眼观察到的人臂动作是以几何元素的形式输入到大脑的。研究结果表明，为了方便记忆与理解，人脑采用几何规则行为原则将观察到的连续人臂运动分解为较小的具有直观几何意义的规则运动片段，以方便理解和重构复杂运动。于是相应地，在重构执行过程中，本书假设人们能够通过控制人臂组织一些在运动分解中采用的具有几何规则性的运动基元重构某些复杂的任务。

　　原则 4：人臂的动作基元具有柔性[30-32]。

　　人臂的动作基元的柔性体现在两个方面：一方面，动作基元可以参数化，通过改变参数调整基元迎合实际需求；另一方面，人臂可以通过学习得到新的动作基元。

　　原则 5：人臂运动中存在与动作相适应的目标关键位姿[33,34]。

　　人们对动作的理解有时仅仅与最终的关键位姿有关，就如同人们回忆一句话时，往往只记得这句话的大意却很难完全重复同样的话，而当人们重复一个动作时，也如同用自己的话对大意进行复述一样，有时只是关注最后的关键位姿，而对具体的实现过程并不能完全详细地再现。

　　原则 6：人臂的运动速度曲线是一个单峰的钟形曲线[14,35]。

　　研究结果表明，在大多数情况下，人臂单个生理关节的角速度及腕关节中心的线速度均可以表达为一个单峰钟形曲线。

　　原则 7：人臂的动作基元可以进行串联和并联的组合[17,36,37]。

　　人臂的动作基元的连接形式按照发生的时间先后顺序可以分为依次发生的串联形式和同时进行的并联形式。由以上两种形式可以演化出另外一种连接形式，即前后两个动作基元首尾部分叠加的过渡形式。

　　原则 8：人臂的动作基元具有目标误差校正的功能[37-39]。

　　对于具有操作空间约束的运动任务，如到达运动，为了精确到达预定的运动目标，人臂的运动通常可以分割为大范围粗略的主运动动作基元和小范围精确的子运动动作基元，子运动动作基元起到关键的校正目标偏差的作用。

原则 9：人臂在完成目标导向的任务时具有某种抽象的结构表达[40]。

研究表明，任务目标往往由某个关键动作的输出实现，而这个关键动作的输出需要依靠某种结构化的动作链实现。动作链的基本结构主要有以下三种(动作链中的动作先后顺序代表了它们执行的先后顺序)：

(1)动作 A→动作 B→动作 C(C 为关键动作，A 为 B 的前提，同时 B 又是 C 的前提)；

(2)动作 A、动作 B→动作 C(C 为关键动作，A、B 同时是 C 的前提)；

(3)动作 A→动作 B、动作 C(B、C 为关键动作，A 既是 B 的前提，又是 C 的前提)。

原则 10：人脑在人臂执行任务之前存在着意图链[41]。

当一个明确的运动任务目标形成时，人臂在开始执行任务之前在大脑中会生成完成该任务的相应意图链，即完成任务的动作流程规划。在这个意图链的基础之上，执行某个动作时会尽量为顺利执行下一个动作甚至是最终目标任务做充足的准备工作。

3.4　动作基元库的建立

根据人臂运动原则 2，可以知道人臂有时候关注的是手腕的位置和方向，而有的时候关注的是整个人臂的位形。对于拟人臂，腕部的位置和方向可以用在操作空间中固结在腕部的坐标系进行描述，而整个拟人臂的位形可以采用本书提出的人臂三角形进行表达。这样，本书按照关注的空间不同将拟人臂的动作基元分为两大类：在操作空间描述的动作基元和在人臂三角形空间描述的动作基元。前者主要关注腕部的位姿，而后者主要关注整个手臂的位形。接下来本章将根据人臂运动原则 3 中的几何规则性寻找各自空间的动作基元。对于腕部的位姿变化过程，本章采用两个维度对其进行参数化，即腕部轨迹(位置层面)和腕部的姿态(方向层面)。由于在接下来介绍的人臂三角形空间中描述的动作基元中包含腕部的姿态控制，为了避免动作基元设计的重复，本书规定在操作空间的动作基元中腕部中心不能保持静止。如图 3.2 所示，假设所有的腕部轨迹都可以由具有几何规则性的直线和圆弧构成，因此腕部轨迹分为直线和曲线。而对于腕部的姿态控制，则分为保持腕关节不动的随动、平移腕关节和使腕关节绕某一个方向不变的轴旋转 3 种模式。本书采用 O-Wxy 的方式代表在操作空间中描述腕部运动的各个不同的动作基元，例如，O-W11 表示沿一条直线平移腕部动作基元，O-W22 表示腕部中心轨迹为弧线同时腕部绕某一个方向不变的轴线旋转的动作基元。因此，在操作空间内描述的动作基元一共有 2×3=6 种，它们分别是 O-W10、O-W11、O-W12、O-W20、O-W21、O-W22。

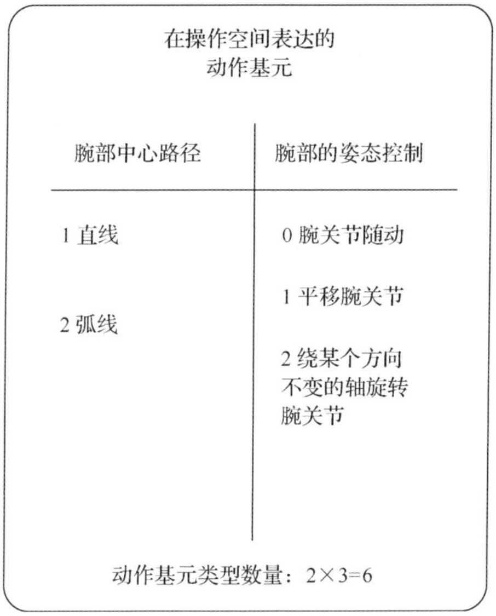

```
┌─────────────────────────────────────┐
│              在操作空间表达的          │
│                  动作基元             │
│                                       │
│   腕部中心路径    │  腕部的姿态控制     │
│  ─────────────────┼────────────────── │
│                   │                    │
│   1 直线          │  0 腕关节随动      │
│                   │                    │
│                   │  1 平移腕关节      │
│   2 弧线          │                    │
│                   │  2 绕某个方向       │
│                   │    不变的轴旋转      │
│                   │    腕关节          │
│                                       │
│                                       │
│   动作基元类型数量：2×3＝6             │
└─────────────────────────────────────┘
```

图 3.2　在操作空间中的动作基元类型

对于在人臂三角形空间里进行描述的用来控制拟人臂位形变化的动作基元，本书按照各个生理关节进行动作基元的提炼。为了体现动作基元的几何规则性，各个关节转动动作基元所绕轴线应该在人臂上选取具有鲜明生理学含义的轴线。对于肩关节，它是一个球副[42]，可以实现绕任意一个轴线的旋转，因此，本章采用固结在拟人臂肩关节的动坐标系上的三个相互正交的轴线提炼动作基元。如图 3.3 所示，它们是绕大臂轴线的旋转动作基元、绕垂直于人臂三角形平面的法线旋转的动作基元及绕正交于前两个轴线的轴线旋转的动作基元，分别用 Δ-S1 、Δ-S2 、Δ-S3 表示，均具有明显的生理学意义。根据肩关节的旋转矩阵，可以求解相应的 Z-Y-X 欧拉角，并将这些欧拉角分别设置为以上三个动作基元的旋转角，然后相继执行这三个动作基元就可以等价地使肩关节实现绕任意轴线的旋转，这保证了基元提炼的合理性。另外，本书用 Δ-S4 表示绕"肩-腕"轴线旋转这一具有特殊几何规则性的动作基元。明显地，在肘关节只存在一个绕人臂三角形平面法线旋转的动作基元 Δ-E1 。从生理学上来说，腕关节实际上只是一个椭球副[42]，只有两个自由度，由于肘部绕小臂的旋转自由度只对腕部的方位产生影响，本书将这三个自由度都归在腕关节，这三个自由度也能使腕部实现绕任意轴线旋转。根据几何规则性原则，与肩关节类似，本书在腕关节设计了三个轴线相互正交的动作基元，它们分别是绕沿四指方向轴线旋转的动作基元 Δ-W1 、绕手掌平面法线旋转的动作基元 Δ-W2 ，以及绕正交于前两个轴线的轴线旋转的动作基元 Δ-W3 。与肩关节相同，这三个动作基元也可以采用 Z-Y-X 欧拉角来到达任意指定的腕部姿态。此外，针对腕关节，本书还设计了绕小臂轴线旋转的动作基元

Δ-W4。因此，在人臂三角形空间内描述的基础动作基元一共有 4+1+4＝9 种。

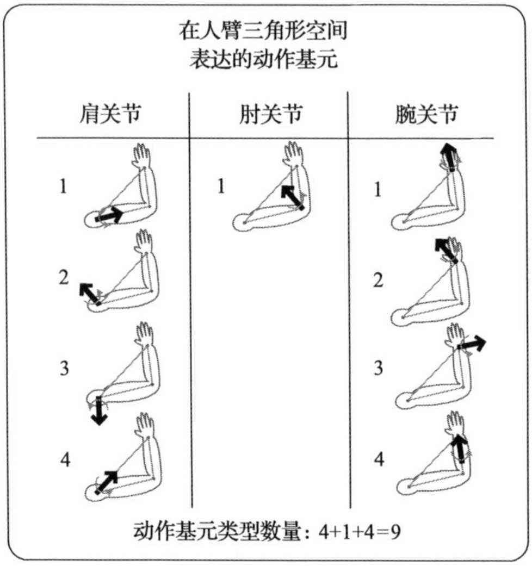

图 3.3　在人臂三角形空间中的动作基元类型

这样，在操作空间和人臂三角形空间两个空间提炼的动作基元类型构成了一个核心的动作基元库，其中共有 6+9=15 种动作基元类型。值得注意的是，这两个空间中的动作基元均独立于拟人臂的具体结构与尺度。基于这个优点，设计的动作基元库可以应用于不同种类的拟人臂平台，具有优良的通用性。

3.5　人臂运动的节拍与韵律

3.5.1　人类手臂的生理基础和运动特征

生理学研究主要从人体运动学和神经生理学两个方向对人类手臂进行研究。人体运动学研究主要从人体的骨骼结构、肌肉组织等方面研究手臂的关节结构和驱动方式；神经生理学研究从人体运动的组织方式上研究人类手臂的运动规律。

1. 生理基础

根据人类手臂的骨骼结构，忽略各个关节可能存在的微小滑动，可以将人类手臂等效为一个 7 自由度机械臂[43]，这也是拟人机械臂 S-R-S 构型的生理基础。肩关节可以等效为一个球关节，如图 3.4 所示，即可以由三个轴线相交于一点的旋转关节实现；肘关节可以等效为一个旋转关节，如图 3.5 所示，其轴线垂直于大臂和小臂确定的手臂平面(arm plane)；小臂旋前和旋后可以等效为一个旋转关节，如图 3.6 所示，其轴线与小臂的中轴线共线；腕关节的运动可以等效为一个椭圆关节，如图 3.7 所示，即可以由两个轴线相交的旋转关节实现。在机器人学中，一般将小臂的旋前和旋后与腕关节的两个关节合并，从而在腕关节处构成一个球关节。因此，人类手臂可以等效为一个 S-R-S 构型的 7 自由度机械臂。

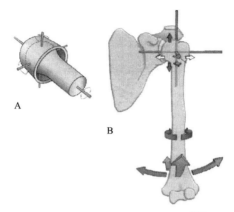

图 3.4 肩关节的等效机械结构[43]

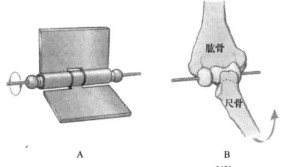

图 3.5 肘关节的等效机械结构[43]

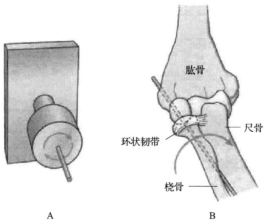

图 3.6 小臂旋前和旋后的等效机械结构[43]

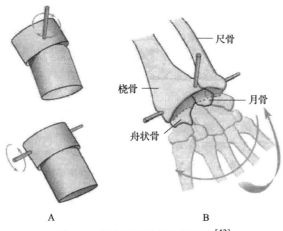

尺骨

桡骨

月骨

舟状骨

A 　　　　　　　　　　B

图 3.7　腕关节的等效机械结构[43]

在人体运动学领域，一般参考人体的解剖平面或轴线定义手臂的基本动作，如图 3.8 所示。其中，矢状面(saggital plane)与颅骨的矢状缝平行，把身体分成左、右两部分；冠状面(coronal plane)与颅骨的冠状缝平行，把身体分为前、后两部分；水平面(transverse plane)与地面平行，把身体分成上、下两部分；垂直轴为矢状面和冠状面的交线；冠状轴为冠状面和水平面的交线；矢状轴为矢状面和水平面的交线。假定手臂在特殊的平面内，可以单独地定义人类手臂的基本动作。人类手臂共有 8 个基本动作[44]：①肩关节绕冠状轴的屈伸(shoulder vertical flexion/extension，SVF/SVE)；②肩关节绕矢状轴的内收和外展(shoulder ADduction/ABduction，SAD/SAB)；③肩关节绕垂直轴的屈伸(shoulder horizontal flexion/extension，SHF/SHE)；④肩关节绕大臂中轴线的旋内和旋外(shoulder medial/lateral rotation，SMR/SLR)；⑤肘关节的屈伸(elbow flexion/extension，EF/EE)；⑥小臂的旋前和旋后(forearm pronation/supination，FP/FS)；⑦腕关节的屈伸(wrist flexion/extension，WF/WE)；⑧腕关节的尺偏和桡偏(wrist ulnar/radial deviation，WUD/WRD)。它们的运动范围如表 3.1 所示[45]。

人类胸、背及手臂上的肌肉从驱动关节运动的肌肉层面来看，驱动肩关节的肌肉共包括 9 种，包括三角肌(deltoid)、胸大肌(pectoralis major)、喙肱肌(coracobrachialis)、背阔肌(latissimus dorsi)、冈上肌(supraspinatus)、大圆肌(teres major)、肩胛下肌(subscapularis)、冈下肌(infraspinatus)和小圆肌(teres minor)等。在这 9 种肌肉中，分布在背部和上胸、肌体表面的大块肌肉，如三角肌，主要负责肩关节的屈伸及内收和外展；而其中的深层肌肉如冈上肌，则构成了肌腱套(rotator cuff)，主要负责旋内和旋外[46,47]。驱动肘关节的肌肉共有 5 种，包括肱二头肌(biceps brachii)、肱肌(brachialis)、肱桡肌(brachioradialis)、肱三头肌(triceps brachii)

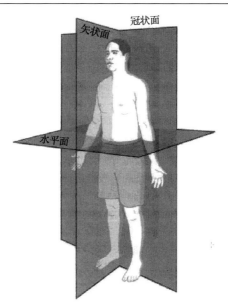

图 3.8　人体的解剖平面和轴线[43]

表 3.1　人类手臂运动的生理极限

基本运动	运动范围
肩关节绕冠状轴的屈伸(SVF/SVE)	$[-\pi/4, \pi]$
肩关节绕矢状轴的内收和外展(SAD/SAB)	$[-\pi/6, \pi]$
肩关节绕垂直轴的屈伸(SHF/SHE)	$[-\pi/2, \pi/6]$
肩关节绕大臂中轴线的旋内和旋外(SMR/SLR)	$[0, \pi]$
肘关节的屈伸(EF/EE)	$[0, 3\pi/4]$
小臂的旋前和旋后(FP/FS)	$[-\pi/2, \pi/2]$
腕关节的屈伸(WF/WE)	$[-\pi/3, \pi/2]$
腕关节的尺偏和桡偏(WUD/WRD)	$[-\pi/6, \pi/6]$

和肘肌(anconeus)。驱动腕关节的肌肉较为复杂,因为部分肌肉同时负责驱动手指或手掌的运动,去除这一部分,驱动腕关节的肌肉共有 8 种,包括旋后肌(supinator)、旋前圆肌(pronator teres)、旋前方肌(pronator quadratus)、桡侧腕屈肌(flexor carpi radialis)、掌长肌(palmaris longus)、尺侧腕屈肌(flexor carpi ulnaris)、桡侧腕长伸肌(extensor carpi radialis longus)和桡侧腕短伸肌(extensor carpi radialis brevis)。

2. 运动特征

在神经生理学领域,通过对人类手臂运动规律的探索,已经揭示了一些定性的原则。例如，人类通过协同的方式产生运动，以减少自由度，降低控制和驱动的难度[4]。人的眼球的运动遵循 Listing 定律[48,49]，即眼球从某一初始位置运动到其他位置的转动轴线位于一个平面内，这说明眼球在运动时是绕着某一定轴转动的。受到眼球运动特征的启发，研究人员试图探索人类手臂的指向运动是否也存在这么一个固定轴线[48,50,51]。研究发现，在简单的运动中，手臂的运动也存在这一现象，但是在复杂的运动中，这一法则并不满足[52]。Soechting 等通过让实验人员在一个平面内操作物体，发现了运动过程中一些不变的现象，如末端的轨迹与关节的速度无关[53]。Berniker 等指出任务的动力学不是在一个单一坐标系中表达的，而是基于内部关节、外部和以被操作对象为中心的多个坐标系混合表达的[54]。另外，人在认知物体位置时的参考坐标系和在执行任务过程中的参考坐标系是不同的，认知物体位置时坐标系在人体矢状面上，执行任务时坐标系在肩关节中心，从认知到执行有一个坐标变换的过程[55-57]。

3.5.2　自然及人类活动中的节奏与律动

想要了解什么是"律动"，首先需要对"节奏"这一概念建立正确的理解。

"节奏是宇宙一切事物运动的最基本表现形态"[58]，即"客观事物的一种合规律的周期性变化的运动形式"[59]。在广袤的宇宙中，节奏无处不在，如辰宿列张、屡变星霜、七月流火、动如参商；再如日月盈盛、寒来暑往、春生夏长、秋收冬藏；甚至于动植物的呼吸、生长乃至衰老、死亡等生命现象也都有着其内在的节律。

广义上的节奏包括大自然中和人类社会活动中一切有规则的物质运动[60]。节奏源自运动，随着不同物质以不同的方式运动，在宇宙中诞生了千变万化的不同节奏。例如，人类在神经系统的控制下，通过肺部规律性的收缩与扩张进行呼吸，通过左、右腿反复交替迈步实现行走，其中都存在着有规则的节奏。但节奏又不仅限于运动，如音乐节奏。节奏一词，从字源上看，是与音乐概念联系在一起的[61]，节奏是舞蹈艺术中的一个要素，简称"舞律"。"舞律"就是舞蹈动作的规律。在一般的概念中，它是包括动作上力度的强弱、速度的快慢、能量的增减及幅度的大小、沉浮等方面的各种对比上的规律[62]。

在简单了解何为"节奏"之后，接下来介绍何为"律动"及其与节奏的关系。从字面看，律动与"节律"、"运动"息息相关，是一种运动现象，指"有节奏、有规律的运动"。而从另一个角度来说，节奏本身是一个抽象概念，无法直接感知，它需要在运动、艺术等客观存在中加以具象化，才能够被观察和理解，如音乐中通过音的长短、强弱体现节奏，即音符的律动；而舞蹈则通过不同动作间的衔接体现节奏，即身体的律动。相比于音乐和舞蹈这类以时间为坐标轴进而产生连续发展变化的动态艺术形式，绘画、雕塑、建筑等不随时间产生连续变化的静态艺术形式，则是以其点线面等基本元素的排列分布、浓淡粗细大小的变化等方式体现其动态感，即艺术要素的律动。由此可见，律动既可以表示客观事物有节奏的运动，也可以指靠主观的感觉、想象获得的动态理解[63]。

　　总的来说，律动与节奏既是各有不同的一体两面，又是辩证统一的一个整体。一方面，一切具备了节奏的运动均可称为律动；另一方面，一切律动中也都必然蕴含着节奏。可以说，节奏是律动的内在条件，而律动则是节奏的外在表现[63]。

3.6　本　章　小　结

　　本章首先从人臂运动中存在动作基元这一关于运动学特性的重要发现出发，在相关的神经生理学文献中根据如何寻找动作基元、如何描述动作基元以及如何组合动作基元提炼出了 10 条人臂运动原则；然后在描述拟人臂腕部位置和方向的操作空间和描述拟人臂整体位形的人臂三角形空间中提炼了一些直观的具有明显几何或生理学意义的动作基元构成了动作基元库，该动作基元库中的动作基元是构成复杂任务的最基本的模块，相当于语言体系中的一个词汇；随后从人体运动学和神经生理学角度介绍了人类手臂的生理基础和运动特征，并在此基础上引入了人类运动的节拍与韵律。

参 考 文 献

[1] Bernsetin N. The Co-ordination and Regulation of Movements[M]. Oxford: Pergamon Press, 1967.

[2] Flash T, Hochner B. Motor primitives in vertebrates and invertebrates[J]. Current Opinion in Neurobiology, 2005, 15(6): 660-666.

[3] Hollerbach J M. Optimum kinematic design for a seven degree of freedom manipulator[M]// Hanafusa H, Inoue H. Robotics Research: The Second International Symposium. Cambridge: MIT Press, 1985: 215-222.

[4] Iossifidis I, Schoner G. Dynamical systems approach for the autonomous avoidance of obstacles and joint-limits for a redundant robot arm[C]. IEEE/RSJ International Conference on Intelligent Robots and Systems, Beijing, 2006: 580-585.

[5] Hoffmann H, Pastor P, Park D H, et al. Biologically-inspired dynamical systems for movement generation: Automatic real-time goal adaptation and obstacle avoidance[C]. IEEE International Conference on Robotics and Automation, Kobe, 2009: 2587-2592.

[6] Zacharias F, Schlette C, Schmidt F, et al. Making planned paths look more human-like in humanoid robot manipulation planning[C]. IEEE International Conference on Robotics and Automation, Shanghai, 2011: 1192-1198.

[7] Schulman J, Duan Y, Ho J, et al. Motion planning with sequential convex optimization and convex collision checking[J]. International Journal of Robotics Research, 2014, 33(9): 1251-1270.

[8] Ijspeert A J, Nakanishi J, Shibata T, et al. Nonlinear dynamical systems for imitation with humanoid robots[C]. Proceedings of the IEEE/RAS International Conference on Humanoids Robots, Tokyo, 2001: 219-226.

[9] Vakanski A, Mantegh I, Irish, et al. Trajectory learning for robot programming by demonstration using hidden Markov model and dynamic time warping[J]. IEEE Transactions on Systems, Man, and Cybernetics, Part B: Cybernetics, 2012, 42(4): 1039-1052.

[10] Billard A, Calinon S, Dillmann R, et al. Robot programming by demonstration[G]//Handbook of Robotics. Heidelberg: Springer, 2008: 1371-1394.

[11] Stulp F, Theodorou E A, Schaal S. Reinforcement learning with sequences of motion primitives for robust manipulation[J]. IEEE Transactions on Robotics, 2012, 28(6): 1360-1370.

[12] Guenter F, Hersch M, Calinon S, et al. Reinforcement learning for imitating constrained reaching movements[J]. Advanced Robotics, 2007, 21(13): 1521-1544.

[13] Bizzi E, Cheung V, d'Avella A, et al. Combining modules for movement[J]. Brain Research Reviews, 2008, 57(1): 125-133.

[14] Flash T, Hogan N. The coordination of arm movements: An experimentally confirmed mathematical model[J]. The Journal of Neuroscience, 1985, 5(7): 1688-1703.

[15] Hogan N, Flash T. Moving gracefully: Quantitative theories of motor coordination[J]. Trends in Neurosciences, 1987, 10(4): 170-174.

[16] Viviani P. Do units of motor action really exist[G]//Generation and Modulation of Action Patterns. Heidelberg: Springer, 1986: 201-216.

[17] Ferdinando A, Ivaldi M, Bizzi E. Motor learning through the combination of primitives[J]. Philosophical Transactions of the Royal Society of London. Series B: Biological Sciences, 2000, 355(1404): 1755-1769.

[18] Rohrer B, Fasoli S, Krebset H I, et al. Movement smoothness changes during stroke recovery[J]. The Journal of Neuroscience, 2002, 22(18): 8297-8304.

[19] Grinyagin I V, Biryukova E V, Maier M A. Kinematic and dynamic synergies of human precision-grip movements[J]. Journal of Neurophysiology, 2005, 94(4): 2284-2294.

[20] Avella A D, Saltiel P, Bizzi E. Combinations of muscle synergies in the construction of a natural motor behavior[J]. Nature Neuroscience, 2003, 6(3): 300-308.

[21] Cheung V C K, Avella A D, Treschet M C, et al. Central and sensory contributions to the activation and organization of muscle synergies during natural motor behaviors[J]. The Journal of Neuroscience, 2005, 25(27): 6419-6434.

[22] Averbeck B B, Chafee M V, Croweet D A, et al. Parallel processing of serial movements in prefrontal cortex[J]. Proceedings of the National Academy of Sciences, 2002, 99(20): 13172-13177.

[23] Jing J, Cropper E C, Hurwitzet I, et al. The construction of movement with behavior-specific and behavior-independent modules[J]. The Journal of Neuroscience, 2004, 24(28): 6315-6325.

[24] Boscc G, Poppele R E. Reference frames for spinal proprioception: Kinematics based or kinetics based?[J]. Journal of Neurophysiology, 2000, 83(5): 2946-2955.

[25] Flanders M, Soechting J F. Movement Regulation[M]. San Diego: Academic Press, 2002.

[26] Buneo C A, Jarvis M R, Batistaet A P, et al. Direct visuomotor transformations for reaching[J]. Nature, 2002, 416(6881): 632-636.

[27] Desmurget M, Grafton S. Forward modeling allows feedback control for fast reaching movements[J]. Trends in Cognitive Sciences, 2000, 4(11): 423-431.

[28] Rizzolatti G, Fadiga L, Vittorio G, et al. Premotor cortex and the recognition of motor actions[J]. Cognitive Brain Research, 1996, 3(2): 131-141.

[29] Iacoboni M, Woods R P, Brasset M, et al. Cortical mechanisms of human imitation[J]. Science, 1999, 286(5449): 2526-2528.

[30] Giszter S, Patil V, Hart C. Primitives, premotor drives, and pattern generation: A combined computational and neuroethological perspective[J]. Progress in Brain Research, 2007, 165(6): 323-346.

[31] Pellis S M. Conservative motor systems, behavioral modulation and neural plasticity[J]. Behavioural Brain Research, 2010, 214(1): 25-29.

[32] Saling L L, Phillips J G. Automatic behaviour: Efficient not mindless[J]. Brain Research Bulletin, 2007, 73(1): 1-20.

[33] Rosenbaum D A, Loukopoulos L D, Meulenbroeket R G J, et al. Planning reaches by evaluating stored postures[J]. Psychological Review, 1995, 102(1): 28-67.

[34] Rosenbaum D A, Meulenbroeket R G J, Vaughanet J, et al. Posture-based motion planning: Applications to grasping[J]. Psychological Review, 2001, 108(4): 709-734.

[35] Hogan N. An organizing principle for a class of voluntary movements[J]. The Journal of Neuroscience, 1984, 4(11): 2745-2754.

[36] Fishbach A, Roy S A, Bastianenet C, et al. Kinematic properties of on-line error corrections in the monkey[J]. Experimental Brain Research, 2005, 164(4): 442-457.

[37] Flash T, Henis E. Arm trajectory modifications during reaching towards visual targets[J]. Journal of Cognitive Neuroscience, 1991, 3(3): 220-230.

[38] Roitman A V, Massaquoi S G, Takahashiet K, et al. Kinematic analysis of manual tracking in monkeys: Characterization of movement intermittencies during a circular tracking task[J]. Journal of Neurophysiology, 2004, 91(2): 901-911.

[39] Pasalar S, Rotiman A V, Ebner T J. Effects of speeds and force fields on submovements during circular manual tracking in humans[J]. Experimental Brain Research, 2005, 163(2): 214-225.

[40] Allen K, Ibara S, Seymouret A, et al. Abstract structural representations of goal-directed behavior[J]. Psychological Science, 2010, 21(10): 1518-1524.

[41] Fogassi L, Ferrari P F, Geserichet B, et al. Parietal lobe: From action organization to intention understanding[J]. Science, 2005, 308(5722): 662-667.

[42] 戴红. 人体运动学[M]. 北京: 人民卫生出版社, 2008.

[43] 诺伊曼. 骨骼肌肉功能解剖学[M]. 2版. 北京: 人民军医出版社, 2014.

[44] Gopura R, Kiguchi K, Horikawa E. A study on human upper-limb muscles activities during daily upper-limb motions[J]. International Journal of Bioelectromagnetism, 2010, 12(2): 54-61.

[45] Xu H, Ding X. Human-like motion planning for a 4-DOF anthropomorphic arm based on arm's inherent characteristics[J]. International Journal of Humanoid Robotics, 2017, 14(4): 1750005.

[46] Graaff V D. Human Anatomy[M]. NewYork: McGraw-Hill, 2002.

[47] Mader S S. Understanding Human Anatomy and Physiology[M]. 5th ed. New York: The McGraw-Hill Companies, 2004.

[48] Straumann D, Haslwanter T, Hepp-Reymond M C, et al. Listing's law for eye, head and arm movements and their synergistic control[J]. Experimental Brain Research, 1991, 86(1): 209-215.

[49] Wong A M. Listing's law: Clinical significance and implications for neural control[J]. Survey of Ophthalmology, 2004, 49(6): 563-575.

[50] Liebermann D, Biess A, Friedman J, et al. Intrinsic joint kinematic planning. I: Reassessing the Listing's law constraint in the control of three dimensional arm movements[J]. Experimental Brain Research, 2006, 171(2): 139-154.

[51] Liebermann D, Biess A, Gielen C, et al. Intrinsic joint kinematic planning. II: Hand path predictions based on a Listing's plane constraint[J]. Experimental Brain Research, 2006, 171(2): 155-173.

[52] Soechting J F, Buneo C A, Herrmann U, et al. Moving effortlessly in three dimensions: Does Donders' law apply to arm movement?[J]. The Journal of Neuroscience, 1995, 15(9): 6271-6280.

[53] Soechting J, Lacquaniti F. Invariant characteristics of a pointing movement in man[J]. The Journal of Neuroscience, 1981, 1(7): 710-720.

[54] Berniker M, Franklin D W, Flanagan J R, et al. Motor learning of novel dynamics is not represented in a single global coordinate system: Evaluation of mixed coordinate representations and local learning[J]. Journal of Neurophysiology, 2014, 111(6): 1165-1182.

[55] Vercher J L, Magenes G, Prablanc C, et al. Eye head hand coordination in pointing at visual targets: Spatial and temporal analysis[J]. Experimental Brain Research, 1994, 99(3): 507-523.

[56] Desmurget M, Pélisson D, Rossetti Y, et al. From eye to hand: Planning goaldirected movements[J]. Neuroscience & Biobehavioral Reviews, 1998, 22(6): 761-788.

[57] Henriques D Y P, Crawford J D. Role of eye, head, and shoulder geometry in the planning of accurate arm movements[J]. Journal of Neurophysiology, 2002, 87(4): 1677-1685.

[58] 沈晓红, 王利银, 王京其, 等. 儿童节奏世界[M]. 上海: 上海音乐出版社, 1999.

[59] 高海清. 文史哲百科词典[M]. 长春: 吉林大学出版社, 1988.

[60] 白莹. 节奏训练在普通高校音乐教学实施中的价值与意义探究[D]. 北京: 首都师范大学, 2006.

[61] 于培杰. 艺术节奏论[M]. 济南: 齐鲁书社, 2013.

[62] 吴晓邦. 新舞蹈艺术概论[M]. 北京: 中国戏剧出版社, 1982.

[63] 张晶晶. 律动教学与舞蹈启蒙教育研究[D]. 上海: 上海师范大学, 2015.

第4章 运动语言的建立

4.1 引 言

自人类文明诞生开始，凭借着高超的智慧与富有创造性的奇思妙想，我们的祖先在不断的演化和发展中创造出了诸多生活与生产工具，而语言的出现则无疑是其中最为了不起的一项创举。语言，既是人类在日常交流沟通中所使用的主要手段，更加是保存和传承文明的重要载体，其对于人类社会的重要性，已不需赘述。对于以真正实现智能化作为终极目标的机器人领域，语言也必将是其发展道路上最为重要的一环。

语言本质上是一种符号系统。从广义上讲，语言是一套在一定群体范围内被共同认可和使用的沟通符号，以及与之相对应的使用规则。从表达形式上看，这些沟通符号通常是以视觉、声音或者触觉的方式来进行传递的，如文字、语音、盲文等，故而语言符号具有客观表征性。从历史发展上来看，任何逻辑思维往往最终都需要通过语言符号来加以表达和阐述，因此可以说语言符号具有逻辑性与系统性。同时，由于这些沟通符号往往代表着一个群体中的一些约定俗成的观念和规则，所以语言本身也是具有社会性的。正是这些特性，共同构成了语言的符号系统。

从古至今，每一段能够为后世所知的历史，都是通过语言来记述；每一派贤哲的思想和学说，也是通过语言来流传；每一种自然科学和人文社科的理论，也要通过语言来记录与传播；而每一位能工巧匠的技巧与手艺，更是要通过师父对徒弟的"言传身教"才能实现其传承乃至发扬光大。在这些文明要素代代薪火相传的过程中，无论是学术理论还是实践行为，都是通过语言作为桥梁，来对其"思想内容"、"运动形态"以及"行为模式"进行表述和传达，而这三点也同样是机器人在思维和技巧学习中的关键点。

因此，本章介绍和引入"运动语言"的概念，并在此基础上建立运动语言的语法规则及其使用方法。

4.2 运动语言的概念

正如前文中所述，语言作为一种符号系统，肩负着人与人之间的沟通交流，也可作为人与机器之间沟通交流的有效工具。任务是用语言来描述和传递的，而行为和动作一般也是通过语言与之相承接的。

在第 3 章介绍动作基元时，曾提到人类的运动是各个动作元素以某种特定的方式组合形成的具有表征意义的动作模块，即动作基元；再将动作基元以相应的运动范式加以组合形成动作序列，最终形成既定的运动。由于运动的这种组织方式与语言的组织方式是一脉相承的，本书中将基于动作基元的一整套结构化的运动表达方法称为运动语言。

目前，关于运动语言的研究并不多见。虽然作为构成人体运动语言第一要素的动作基元已经在很多神经生理学的实验中得到了证实，并且同样证实了人体的复杂运动是由这些动作基元之间的串联和并联组合来构成的[1-5]，但是对于动作基元，如何根据一套系统化运动语法来构成复杂多样的运动还缺乏相当充分的研究。神经生理学对于人体动作基元的发现被许多计算机科学的学者借鉴过来作为理解和重构人体运动的重要思想和工具。这些学者通常采用主成分分析法和隐马尔可夫模型的统计学方法从采集的人体运动数据中提炼出运动学、动力学或者运动动力学层面上的动作基元[2,4,6,7]。在得到动作基元之后，有学者引入或者构建一些运动语法来进行人体运动分析和理解[8-10]（这并不是本书关注的重点），也有学者设计了一些原则试图在虚拟角色上重构再现人体的真实运动。Li 等[11]提出了一个运动纹理的方法来合成所有时刻的动画角色的姿态。Rose 等[12]提出了动词和副词的概念，利用已编辑好的动画角色动作作为样本动词在副词空间进行插值来得到新的动作。这些方法虽然都提出了一些将动作基元组织起来的原则方法，但是并没有完整系统地提出运动语言的概念。Filho 等[13]提出的模型从运动学、词形学和句法学三个方面详细阐述了对人体运动数据进行基元分割的方法以及将这些基元片段重新组织重构的一系列重要原则，构成了一个完整的运动语法。然而，此类计算机动画领域重构人体运动的方法都只是单纯地以数字化的视角将人体看成一个高维运动数据生成的来源对象，并没有关注人体的结构特点和人臂运动的神经生理学原则，使得分割的动作基元及相互组织的原则不具有几何直观性和生物学基础。另外，需要指出的是，计算机动画领域中对于运动语言的研究与本书的运动语言的研究存在着重要的区别。计算机动画领域研究的目标是借助运动语言将人体运动映射到虚拟人物上进行运动的重构，对象主要是整个人体，并且不需要考虑任务约束。动画关注的是合成虚拟人物在每一帧时刻的姿态，靠快速播放每一帧图片来实现虚拟人物的"运动"，并不涉及运动真实的实现。而本书所研究的运动语言主要是面向机器人领域的拟人臂平台，是需要考虑任务约束的，且不涉及整个人体运动数据采集。另外，机器人研究领域中需要考虑如何通过串联的关节协调转动来实现具体的真实运动。因此，这是两个有所不同的领域。本书研究是在整个机器人研究领域中的，其将运动语言的概念应用于拟人臂的任务-运动规划领域。

4.3　运动语言的意义

人与机器人交互(人机交互)是机器人研究的重要部分,对提高机器人与人交互的自然性、提升机器人作业能力、促进人机共融具有广泛应用前景和重要研究价值。如今,机器人的研究与应用领域已经从传统的工业领域扩展到医疗康复、家政服务、空间探测、灾难救援、反恐排爆等领域,机器人可以代替人类在极端环境下完成复杂的任务。机器人与人类的关系越来越密切,人机协作能够引导机器人完成任务,合适的人机交互能使机器人更好地理解用户的需求,同时使用户能够获取机器人的状态信息。与作业环境、人和其他机器人之间自然交互,自主适应复杂任务和动态环境的共融机器人已成为现今的发展趋势。

早期人类主要通过键盘、鼠标和手柄控制机器人,这需要使用者具有一定的专业技术基础,限制了机器人的应用范围,且交互方式单一,不利于机器人技术的推广。随着机器人技术的快速发展,人机交互由命令行、图形化界面向自然交互的方向发展。人机自然交互旨在将人类间的交互方式迁移到人与机器人的交互过程中,提升人与机器人交互的自然性,提高机器人作业效率。语音是人类日常交往的重要方式之一,是语言最简单、最高效的展现形式。曾有学者统计,人类在日常生活中的沟通大约有75%通过语音来完成[14]。用户通过语音与机器人交互具有方便、自然、高效的优点。如今随着网络技术的发展,网络数据信息量庞大,信息可以共享,网络上的信息可以丰富机器人的知识库,指导机器人完成动作。网络通信技术已较为成熟,建立上位机和机器人间的远程连接能够使用户和机器人间的交互不受距离限制。将语音交互技术和网络技术应用于机器人,能够丰富机器人的功能,并大大提升人机交互的自然性和智能性,具有重要的研究意义和广阔的应用前景。

因此,机器人的语音控制因其自然性已经得到了学术界的广泛关注。近年来,相关技术发展迅速,已有不少配备了语音交互功能的产品进入市场,如苹果的Siri、小米的智能家居和软银公司的人形机器人Pepper等。机器人语音交互包含语音识别、语义理解、任务规划等机器人技术,其中语音识别技术已发展得较为成熟,谷歌、科大讯飞等公司的语音识别平台均已进入实用阶段,这为机器人语音交互的实现提供了很好的支持。本书接下来所要阐述的基于运动语言的任务规划都可以借助已有的语义理解工具来实现友好的人机交互。

4.4　运动语言的框架

基于第3章提出的10条人臂运动原则的启发,再加上一些合理的想象和创造,作者搭建了一个通用的适用于不同拟人臂的任务-运动一体化规划框架,如图 4.1

所示。由图可以看到，拟人臂的任务运动规划框架总共可以分为四个层级：任务层、动作层、动作基元层和关节轨迹层。通用的运动语言包含前面三个层级，与具体的拟人臂结构与尺度无关。它通过一个接口可以生成不同拟人臂所对应的具体的关节轨迹，以实现运动语言的通用性。本章主要讨论构成运动语言的前三个层级。根据人臂运动原则 1，在动作基元层，运动语言提供了一个通用的动作基元库，基元库是合成具体任务所必需的运动元素，在运动语言的体系结构中相当于运动语句的地位(具体原因会在下文中阐述)。根据一定运动语法原则，一个或者多个动作基元组可以构成动作层的某个动作。在动作层中，动作脱离了数学化

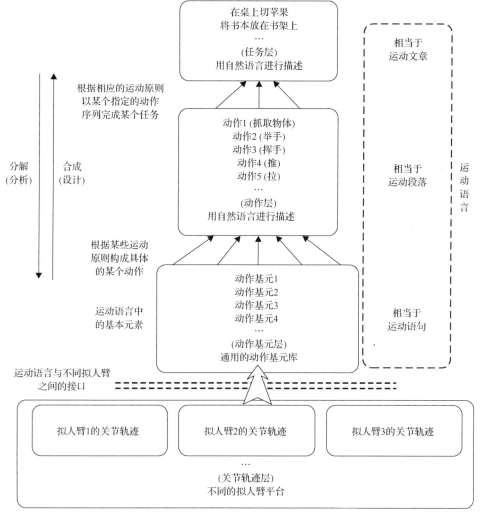

图 4.1　运动语言框架示意图

的表达而采用自然语言进行描述，这样为今后自然的人机接口提供了可能。动作层相当于运动语言中的运动段落。进一步，不同的动作可以按照一定的运动语法构成某个动作序列来实现某个具体的目标任务。目标任务相当于用运动语言书写的一篇运动文章。不难理解，从任务层到动作基元层自上而下的过程是对具体任务进行分析理解的过程，而自下而上从动作基元层到任务层则是对具体任务进行规划设计的过程。想要赋予拟人臂完成某一个任务的能力，就必须首先对任务进行理解再对该任务进行重构。

4.5　运动语言的语法

本节主要介绍运动语言中与不同层级相关的运动语法，运动语法涉及如何将核心动作基元库中的动作基元有序地组织起来使得拟人臂完成某一个具体的复杂任务。

4.5.1　动作基元的参数化

根据人臂运动原则 4，动作基元库中的动作基元应该是具有柔性的，是可以被参数化的。这里采用运动语句的方式来对各个动作基元进行参数化。具体来说，就是用句子当中的主语、谓语、宾语、补语和状语来描述动作基元的细节。

主语：表示该动作基元所关注的拟人臂部位，如腕关节。

谓语：表示具体实现的动作基元编号，如 O-W11。

宾语：表示动作基元要达到的目标状态(与具体的动作基元有关)，如腕部中心到达位置 $(0,800,0)$ mm。

补语：表示动作基元开始时的初始状态(与具体的动作基元有关)，如腕部中心初始位置 $(0,200,0)$ mm。

状语：表示描述动作基元运动的重要参数，如 v_{max}、ω_{max} 和 t_{all}。

其中，v_{max} 为关注腕部中心运动的动作基元中的线速度最大值，ω_{max} 为描述绕轴转动的动作基元中角速度的最大值，t_{all} 表示动作基元完成的总时间。根据人臂运动原则 6，人臂运动的速度曲线类似于"单峰钟形"。因此，这里采用余弦函数的形式对拟人臂的运动速度进行描述，其曲线图如图 4.2 所示。

$$v(t) = \frac{v_{max}}{2}\left[1 - \cos\left(\frac{2\pi}{t_{all}} \cdot t\right)\right]$$
$$\omega(t) = \frac{\omega_{max}}{2}\left[1 - \cos\left(\frac{2\pi}{t_{all}} \cdot t\right)\right] \tag{4.1}$$

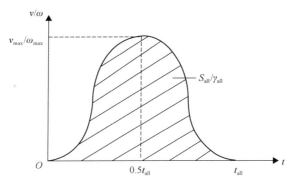

图 4.2　拟人臂运动速度曲线图

图 4.2 中，曲线所围阴影部分的面积为动作基元中腕部中心运动的总距离 S_{all} 或者绕轴转动的总角度 γ_{all}。值得注意的是，由于存在运动范围的约束，即 $S_{all} = \dfrac{v_{max} t_{all}}{2}$，$\gamma_{all} = \dfrac{\omega_{max} t_{all}}{2}$（通过对速度曲线进行积分得到）通常是已知的，故调整动作基元状语的独立参数只有一个，或调整最大速度 v_{max} 或 ω_{max}，或改变运动总时间 t_{all}。

这样，通过运动语句的各个成分就能详细清楚地描述每一个具体的动作基元了。注意，在操作空间描述的动作基元的主语都是腕关节。

运动语法 1：动作基元运动语句由主语、谓语、宾语、补语和状语成分构成。

4.5.2　动作基元之间的连接形式

根据人臂运动原则 7，可以将动作基元之间的连接方式分为串行连接、并行连接和过渡连接三种形式，如图 4.3 所示。

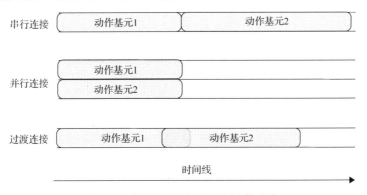

图 4.3　动作基元之间的不同连接形式

运动语法 2：动作基元可以通过串行连接、并行连接和过渡连接三种形式相互连接。

　　动作基元的串行连接就是将不同的动作基元顺序相连，只有当上一个动作基元结束后下一个动作基元才会开始执行。两个动作基元之间存在明显的拟人臂静止的状态。这种连接方式通常被使用在前一动作的最后一个动作基元和后一动作的第一个动作基元之间。动作基元之间的并行连接是指不同的动作基元在同一时刻同时开始进行并持续同一段时间的连接方式。通过动作基元的并行连接可以生成新的动作基元。根据人臂运动原则 4，人臂可以通过学习得到新的动作基元。这里，动作基元之间的并行连接可以看成一种习得新的动作基元的方式。考虑到动作基元之间的相互干涉影响，本书规定只有具有不同主语的动作基元之间才可以相互进行并行连接融合。

　　运动语法 3：含有相同主语的动作基元不能进行并行连接。

　　由于在操作空间内描述的动作基元的主语均为腕部，该空间内的动作基元之间无法进行并行连接，而在人臂三角形空间内的基础动作基元都是针对各个关节的，因此人臂三角形空间内的动作基元之间是可以进行相互并行连接融合的。图 4.3 总结了通过动作基元并行连接融合而成的具有不同主语的新的动作基元。其中值得注意的是，动作基元Δ-S4 绕"肩-腕"轴线进行转动，为了保证几何规则性，首先假设该轴线是固定不变的，因此Δ-S4 不能与Δ-E1 并行连接。于是图 4.4 中所列出的扩展动作基元与核心基元库一起构成了如图 4.1 所示的完整的动作基元库，一共是 15 + 35 = 50 种动作基元类型。

在人臂三角形空间中 表达的扩展动作基元	
主语	谓语
肩肘关节	Δ-S1E1, Δ-S2E1, Δ-S3E1
肘腕关节	Δ-E1W1, Δ-E1W2, Δ-E1W3, Δ-E1W4
肩腕关节	Δ-S1W1, Δ-S1W2, Δ-S1W3, Δ-S1W4 Δ-S2W1, Δ-S2W2, Δ-S2W3, Δ-S2W4 Δ-S3W1, Δ-S3W2, Δ-S3W3, Δ-S3W4 Δ-S4W1, Δ-S4W2, Δ-S4W3, Δ-S4W4
肩肘腕关节	Δ-S1E1W1, Δ-S1E1W2, Δ-S1E1W3, Δ-S1E1W4 Δ-S2E1W1, Δ-S2E1W2, Δ-S2E1W3, Δ-S2E1W4 Δ-S3E1W1, Δ-S3E1W2, Δ-S3E1W3, Δ-S3E1W4

动作基元类型数量：35

图 4.4　扩展动作基元库

　　动作基元的过渡连接可以看成串行连接和并行连接的结合，这种连接方式意味着前一个动作基元没有完全结束时，下一个动作基元就已经开始执行了。这种连接方式主要使用于单个动作的多个动作基元之间。动作基元的过渡在关节轨迹层来实现。下面介绍动作基元之间的过渡算法。

　　假设动作基元 1 和动作基元 2 进行过渡连接；动作基元 1 结束的时间是 t_{e}^{1}，动作基元 2 开始的时间是 t_{s}^{2}；$\theta_{i}^{1}(t)$ 表示连接之前动作基元 1 中第 i 个关节的关节轨迹曲线，$i=1, 2, \cdots, n$，n 表示拟人臂关节的个数；$\theta_{i}^{2}(t)$ 表示连接之前动作基元 2 中第 i 个关节的关节轨迹曲线；$\theta_{i}^{12}(t)$ 表示过渡连接后的关节轨迹。

　　过渡算法的具体计算公式为

$$\beta = \frac{t - t_{\mathrm{s}}^{2}}{t_{\mathrm{e}}^{1} - t_{\mathrm{s}}^{2}}, \quad \alpha = 0.5\cos(\beta\pi) + 0.5$$

$$\begin{cases} \theta_{i}^{12}(t) = \theta_{i}^{1}(t), & t < t_{\mathrm{s}}^{2} \\ \theta_{i}^{12}(t) = \alpha\theta_{i}^{1}(t) + (1-\alpha)\theta_{i}^{2}(t), & t_{\mathrm{s}}^{2} \leqslant t \leqslant t_{\mathrm{e}}^{1}, \quad i=1,2,\cdots,n \\ \theta_{i}^{12}(t) = \theta_{i}^{2}(t), & t > t_{\mathrm{e}}^{1} \end{cases} \tag{4.2}$$

4.5.3　由动作基元生成动作

　　这里将拟人臂的动作定义为：从一个初始静止状态通过一个连续不间断的运动过程到达另一个结束静止状态并能输出某种意义的行为。由于动作的种类非常多，为了便于组织，本书按照人臂所关注的不同空间和不同约束类型将所有动作分为四种类型：在操作空间中具有点约束的动作、在操作空间中具有路径约束的动作、在人臂三角形空间中具有点约束的动作以及在人臂三角形空间中具有路径约束的动作。不同类型的动作采用相应的动作基元与组织策略，即相应的具体运动语法来实现。这就相当于不同的运动段落需要采用不同的运动语句和不同的句间结构来表达不同的段落大意。

　　运动语法 4：拟人臂的所有动作可以按照不同空间和不同约束类型分为四种动作类型，每一种类型的动作通过相应的运动语法来实现。

　　所有四种动作类型如表 4.1 所示。其中每一个动作类型又被细分为两个子类。表中，黑点代表位置约束，开口槽代表方向约束，平行四边形代表人臂三角形平面约束，三角形代表手臂的姿态约束，括号代表弱约束，无括号代表强约束，第一个箭头之前代表初始状态，两个箭头之间代表运动过程，后一个箭头之后代表目标状态。状态或者运动过程没有符号代表没有约束。这些动作类型相应的运动语法原则将在表 4.1 中以图形化方式展示。

表 4.1 动作类型

动作类型		表过空间类型	
		操作空间	人臂三角形空间
约束类型	点约束	→ → • → → •↶(▱) 动作类型O-I	→ → △ → → (△) 动作类型△-I
	路径约束	→ • → • → •↶ → •↶ 动作类型O-II	△ → △ → △ (△) → △ → (△) 动作类型△-II

接下来就结合表 4.2 来一一介绍这几种动作类型具体的运动语法。在操作空间具有点约束的动作称为 O-I 类动作。该类动作关注的是拟人臂在结束状态时腕部的位置和方向，并不关注如何到达结束状态的运动过程。根据是否包含方向约束，O-I 类动作又可细分为位置点约束动作和位姿点约束动作。

表 4.2 不同动作类型的运动语法原则

动作类型		可能采用的动作基元类型	组织模式
O-I	→ → •	O-W10 O-W20	MP1 MP2 ··· MPn-1 MPn 时间线 —————→
	→ → •↶(▱)	O-W10 O-W11 Δ-W1 Δ-W2 Δ-W3 Δ-S4	O-W10 [Δ-W1 Δ-W2 Δ-W3 / Δ-S4] O-W11 时间线 —————→
O-II	→ • → •	O-W10 O-W20	MP1 MP2 ··· MPn-1 MPn 时间线 —————→
	→ •↶ → •↶	O-W11 O-W12 O-W21 O-W22	MP1 MP2 ··· MPn-1 MPn 时间线 —————→
Δ-I	→ → Δ → → (Δ)	Δ-S1 Δ-S2 Δ-S3 Δ-E1 Δ-W1 Δ-W2 Δ-W3	[Δ-S1 Δ-S2 Δ-S3 / Δ-E1] [Δ-W1 Δ-W2 Δ-W3] 时间线 —————→
Δ-II	Δ → Δ → Δ (Δ) → Δ → (Δ)	人臂三角形空间中的所有动作基元	初始状态要求 MP1 MP2 ··· MPn-1 MPn 时间线 —————→

注： [MP1] 代表来自可能使用的动作基元类型中的一个动作基元。

(1)在操作空间具有位置点约束动作的运动语法。

输入：欲到达的腕部点位置。

运动语法：规划合适的路径，采用动作基元 O-W10、O-W20 或它们的组合来实现，由于动作过程中拟人臂是连续运动的，动作基元之间采用过渡的连接方式。

例子：自由到达动作。

(2)在操作空间具有位姿点约束的动作的运动语法。

输入：欲到达的腕部位置和方向，完成动作时的人臂三角形平面(可选)。

运动语法：根据人臂运动原则 8 并借鉴人臂完成具有位姿点约束任务时的分阶段策略，拟人臂在完成此类动作时首先是快速接近运动阶段，使拟人臂腕部到达准备位置。该阶段采用 O-W10 动作基元来实现。然后是调整姿态阶段，既调整腕部的方向，又调整整臂的姿态，使得整个拟人臂到达准备姿态。该阶段采用 Δ-W1、Δ-W2 和 Δ-W3 来调整腕部的方向，用 Δ-S4 来调整臂的姿态，Δ-W1、Δ-W2 和 Δ-W3 之间采用过渡连接，再与 Δ-S4 并行连接。最后在慢速保持位姿平移运动阶段，使得拟人臂从准备位置和姿态到达腕部目标位姿，该阶段采用 O-W11。不同阶段的动作基元之间采用过渡连接方式，如表 4.2 所示。

当给定腕部的位置和方向约束时，拟人臂还剩下一个冗余自由度。这个冗余自由度可以直观地理解为整个拟人臂在保持腕部位姿前提下绕"肩-腕"轴线的旋转运动，即拟人臂的人臂三角形平面可以绕着这个轴线进行任意的旋转。根据人臂运动原则 5，人臂运动中存在与动作目标相适应的关键位姿，于是在任务需要时可以额外指定拟人臂在完成该动作时的过"肩-腕"轴线的人臂三角形平面，这就是调整姿态阶段中调整臂的姿态的目的。

例子：抓取物体动作。

在操作空间具有路径约束的动作称为 O-II 类动作，该类动作不仅关注结束状态下腕部的位姿，还关注拟人臂是如何到达这一位姿的。同样，根据是否包含方向约束，O-II 类动作又可分为位置路径约束动作和位姿路径约束动作两类。

(3)在操作空间具有位置路径约束的动作的运动语法。

输入：从初始位置到结束位置的腕部运动路径。

运动语法：采用动作基元 O-W10 或 O-W20 或者它们的组合来实现指定的腕部运动路径，动作基元之间采用过渡连接方式连接。

例子：具有避障要求的到达动作。

(4)在操作空间具有位姿路径约束的动作的运动语法。

输入：从初始位姿到结束位姿的腕部运动路径。

运动语法：采用动作基元 O-W11、O-W12、O-W21、O-W22 或者它们的组合来实现指定的腕部运动路径，动作基元之间采用过渡连接方式连接。

例子：手持水杯的转移动作。

注意，虽然 O-I 类动作和 O-II 类动作的组织方式有类似的地方，但是它们之间一个重要的区别是：O-II 类动作中的腕部运动路径是提前指定的，而在 O-I 类动作中腕部路径是由用户自由设定的。

在人臂三角形空间中具有点约束的动作称为 Δ-I 类动作。根据人臂运动原则 5，该类动作关注的是结束状态时整个手臂的姿态，即关键位姿，并不关注如何到关键位姿的运动过程。根据结束状态时的手臂姿态是一个唯一确定的姿态还是一个姿态范围，将 Δ-I 类动作分为强点约束动作和弱点约束动作。然而，两种动作的运动语法是类似的。

(5)在人臂三角形空间中具有点约束的动作的运动语法。

输入：欲到达的手臂姿态(弱约束时从姿态范围中选择一个作为目标姿态)。

运动语法：采用 Δ-S1、Δ-S2 和 Δ-S3 来实现肩部的目标姿态，采用 Δ-E1 来实现肘部的目标姿态，采用 Δ-W1、Δ-W2 和 Δ-W3 来实现腕部的目标姿态。Δ-S1、Δ-S2 和 Δ-S3 之间采用过渡连接方式连接，Δ-W1、Δ-W2 和 Δ-W3 采用过渡连接方式连接，然后一起与 Δ-E1 采用并行连接方式连接，如表 4.2 所示。

例子：到达准备姿势动作。

在人臂三角形空间中具有路径约束的动作称为 Δ-II 类动作，该类动作不仅关注初始状态和结束状态时整个手臂的姿态，同时还关注中间的运动过程。此类动作有初始手臂姿态的要求，因此需要对当前手臂姿态是否满足初始状态要求做出判别。根据初始状态和结束状态时的手臂姿态是唯一的还是一个范围，将该类动作分为强路径约束动作和弱路径约束动作。两类动作的运动语法是基本相同的。

(6)在人臂三角形空间中具有路径约束的动作的运动语法。

输入：指定人臂三角形空间中的动作基元或者一组基元(相当于路径约束)，初始手臂姿态和目标手臂姿态(弱约束时初始姿态和目标姿态是一个姿态范围)。

运动语法：判别是否满足初始手臂姿态要求，若满足，则用参数化指定的动作基元或基元组来实现目标姿态；若不满足初始手臂姿态要求，则无法实现动作。

例子：大臂上下摆动动作，其初始姿态范围是人臂三角形平面的单位法矢量 l 与竖直向下的单位矢量的夹角小于某一个预先设定的角度，即人臂三角形平面基本处于水平状态。这时采用动作基元 Δ-S3 能够实现大臂的上下摆动动作。如果其初始姿态的人臂三角形平面处于竖直状态，则动作基元 Δ-S3 无法实现大臂的上下摆动动作，实现的是大臂的左右摆动动作。由于在人臂三角形空间描述的动作基元与当前的拟人臂位姿有关，所以 Δ-II 类动作依赖于拟人臂的初始姿态。

这样，每一种动作类型都有相应的运动语法，这相当于构成动作的动作基元运动语句之间的相互组织关系，通过这种有序的组织可以使运动语句构成不同的运动段落。用户根据这些运动语法就能够设计出满足自身要求的各式各样的动作。

该方法既给动作的设计提供了一般性的设计准则，又为用户的个性化保留了广阔空间。在动作层，使用自然语言来描述每一个动作以表达其含义。这种方式可以为今后开发的自然语言方式的人机接口奠定基础。

4.5.4　动作之间的连接形式

根据动作的定义，动作的初始和结束状态都是静止的，并且每个动作都有明确、独立的意义，因此本书规定动作与动作之间只能进行串行连接。

运动语法 5：动作之间通过串行连接的方式连接。

由于在人臂三角形空间中描述的动作基元都依赖于人臂的姿态，由这些动作基元产生的动作往往都有初始姿态的要求，在 Δ-II 类动作中引入强约束和弱约束来对其初始姿态进行限制。根据人臂运动原则 10，在执行任务之前在人脑中就已经形成了一个意图链，因此每执行一个动作都应该尽可能地为下一个动作做好相应的准备工作。所以，本书定义了运动语法 6。

运动语法 6：执行 Δ-II 类动作时，若初始状态不满足要求，则需要在之前连接相应的 Δ-I 类动作做准备。

4.5.5　由动作生成任务

这里将任务定义为：由多个动作组成的能够输出目标意义的复杂行为。根据人臂运动原则 9 和 10，人们在完成某个具有目标导向的任务时往往存在某种抽象的结构表达，这个抽象结构在执行任务之前存在于人的大脑中，表现为意图链，在执行任务过程中存在于人臂的运动形式中，表现为动作链。如图 4.5 所示，任务的动作链根据其结构特点可以分为三种形式：动作链结构 I、动作链结构 II 和动作链结构 III。图中黑色圆圈代表动作，带五角星的黑色圆圈代表关键动作，关键动作直接输出目标意义。动作 A、B、C 代表动作执行的顺序。箭头代表使能关系，即箭头前端的动作为箭头后端的动作做准备。动作相当于运动段落，任务相当于运动文章，完成任务的动作链结构就相当于完成整个运动文章的段落组织结构。

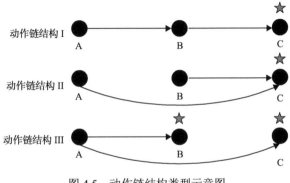

图 4.5　动作链结构类型示意图

运动语法 7：目标导向的任务具有三种基本动作链结构：动作链结构 I、动作链结构 II 和动作链结构 III。

在动作链结构 I 中，动作 A 是动作 B 的前提，动作 B 又是关键动作 C 的前提，如切苹果任务的动作链。

动作 A：抓取刀具。

动作 B：转移刀具至苹果处。

动作 C：切苹果。

值得注意的是，动作链结构中的动作 A、B 和 C 也可以是具有动作链结构 I、动作链结构 II 或者动作链结构 III 的动作链，即动作链之间可以相互叠加。

运动语法 8：动作链之间可以互相嵌套。

在动作链结构 II 中，动作 A 和动作 B 同时为关键动作 C 的前提，如切苹果并将切好的苹果放入冰箱任务的动作链。

动作 A：上述的切苹果任务动作链。

动作 B：打开冰箱任务动作链，抓取冰箱把手→打开冰箱门。

动作 C：将切好苹果放入冰箱任务动作链，抓取切好的苹果→将苹果转移至冰箱中。

在动作链结构 III 中，动作 A 同时是关键动作 B 和 C 的前提，如将苹果放入冰箱并取出冰箱中的梨任务的动作链。

动作 A：上述打开冰箱任务动作链。

动作 B：将苹果放入冰箱任务动作链，抓取苹果→将苹果转移至冰箱中。

动作 C：取出冰箱中的梨任务动作链，抓取冰箱中的梨→将梨转移出冰箱。

这样，通过上述从动作到复杂任务的运动语法就可以将不同的运动段落组织成有序的、具有某种抽象结构的完整的运动文章，完成目标任务，输出目标意义。

4.6　运动语言的使用

通常针对一个具体的应用领域，需要拟人臂所完成的任务种类一般是有限的。因此，根据以上介绍的运动语法，用户可以设计一个面向具体应用领域内所涉及的任务集的专门的动作库以及相应的动作链，如图 4.6 所示。

于是，在运动语言框架提供一个完整的动作基元库以及具体的应用领域提供一个任务集合之后，用户可以根据自己的理解依据前面提出的运动语法设计合适的专门针对该领域任务的动作库以及相应的动作链来实现这些任务。所有的从动作基元到任务之间的组合连接关系都是事先建立好的，因此当任务集中的指定任务需要执行时，可以通过简单的查表方式搜寻到对应的动作链以及相应的动作和

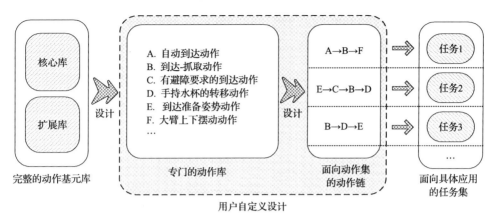

图 4.6　用户自定义设计动作库以及动作链示意图

构成动作的动作基元，这样就实现了复杂任务的快速分解与重构。因此，一方面总体上，运动语言为用户提供了一个一般性的拟人臂任务运动规划框架指导原则；另一方面，该框架又给用户以足够的灵活性使之能够适用于不同的应用领域。对于今后可能遇到的更为复杂的应用，一些人工智能相关的方法可能会被引入复杂任务分解问题当中，这将是今后重要的研究方向。

4.7　本 章 小 结

第 3 章从人臂运动中存在动作基元这一重要发现出发，在相关的神经生理学文献中根据如何寻找动作基元、如何描述动作基元以及如何组合动作基元为线索拟定相关的人臂运动原则，并依据由此得到的 10 条人臂运动原则搭建了一个针对不同拟人臂的通用的任务运动一体化规划框架。本章通过对语言符号系统的介绍，发现该框架与自然语言中的组织方式是一脉相承的，因此将该框架定义为运动语言。运动语言包括动作基元、动作和任务三个层级。首先在描述拟人臂腕部位置和方向的操作空间以及描述拟人臂整体位形的人臂三角形空间中提炼了一些直观的具有几何及生理学意义的动作基元，构成动作基元库。该动作基元库中的动作基元是构成复杂任务的最基本的模块，相当于语句中的词汇。然后介绍了将动作基元构成复杂任务所需要的规则与原则，即运动语法，包括动作基元的参数化方法、动作基元之间的连接方式、动作基元连接生成动作的方法、动作之间的连接方式以及动作序列生成任务的方法。最后介绍了运动语言的使用方法，即面对一个具体复杂任务时如何将其进行快速分解并重构。实际上，运动语言是对拟人臂运动的一种结构化的表达，它为拟人臂的任务-运动规划问题提供了一种全新而有效的解决思路。

参 考 文 献

[1] Flash T, Hochner B. Motor primitives in vertebrates and invertebrates[J]. Current Opinion in Neurobiology, 2005, 15(6): 660-666.

[2] Viviani P. Do units of motor action really exist[G]//Generation and Modulation of Action Patterns. Heidelberg: Springer, 1986: 201-216.

[3] Ferdinando A, Ivaldi M, Bizzi E. Motor learning through the combination of primitives[J]. Philosophical Transactions of the Royal Society of London, Series B: Biological Sciences, 2000, 355(1404): 1755-1769.

[4] Hart C B, Giszter S F. Modular premotor drives and unit bursts as primitives for frog motor behaviors[J]. The Journal of Neuroscience, 2004, 24(22): 5269-5282.

[5] Stein P S G. Neuronal control of turtle hindlimb motor rhythms[J]. Journal of Comparative Physiology A, 2005, 191(3): 213-229.

[6] Rohrer B, Fasoli S, Krebset H I, et al. Movement smoothness changes during stroke recovery[J]. The Journal of Neuroscience, 2002, 22(18): 8297-8304.

[7] Grinyagin I V, Biryukova E V, Maier M A. Kinematic and dynamic synergies of human precision-grip movements[J]. Journal of Neurophysiology, 2005, 94(4): 2284-2294.

[8] Filho G B G. A Sensory-motor Linguistic Framework for Human Activity Understanding[D]. Maryland: University of Maryland, 2007.

[9] Ogale A S, Karapurkar A, Aloimonos Y. View-invariant modeling and recognition of human actions using grammars[J]. Lecture Notes in Computer Science, 2007, 4538: 115-126.

[10] Pastra K, Aloimonos Y. The minimalist grammar of action[J]. Philosophical Transactions of the Royal Society B: Biological Sciences. 2012, 367(1585), 103-117.

[11] Li Y, Wang T S, Shum H Y. Motion texture: A two-level statistical model for character motion synthesis[J]. ACM Transactions on Graphics, 2002, 21: 465-472.

[12] Rose C, Cohen M F, Bodenheimer B. Verbs and adverbs: Multidimensional motion interpolation[J]. Computer Graphics and Applications, 1998, 18(5): 32-40.

[13] Filho G B G, Aloimonos Y. A language for human action[J]. Computer, 2007, 40(5): 42-51.

[14] 李麟. 家用机器人语音识别及人机交互系统的研究[D]. 哈尔滨: 哈尔滨工业大学, 2007.

第5章 拟人臂的技巧迁移

5.1 引　　言

随着科学技术的发展，尤其是机构学和仿生学的进步，现代拟人机械臂与人类手臂有着越来越多的相似性。因此，在面向实际任务场景的拟人臂操作与控制中，人们自然而然地想将人类手臂的运动机理和任务完成技巧迁移到机械臂上，使得机械臂具有与人类手臂相似的行为动作，便于人类预测机械臂的状态，提高人机交互的安全性。此外，人类手臂在进行不同的任务作业时，往往能够采用最高效、最简洁的方式来完成工作，若将人类手臂的工作技巧迁移至机械臂，便能够赋予机械臂根据任务的特点简化任务的完成方式和过程的能力，从而使之能够灵活地适应不同的任务需求。

进行具体的运动规划和编写运动程序使得拟人臂能够完成复杂的操作任务，这并不是一件容易的事情[1]，它需要专业的机器人方面的专家花大量的时间来完成。随着拟人臂面临的任务的复杂度的提高以及种类的增多，这样一个多自由度的机器人运动程序的编写将变得更为困难。同时，随着不同种类的仿人机器人的逐渐涌现，所配置的各式各样的拟人臂也大量出现，自然地，人们在给一个拟人臂进行恰当的技巧规划来完成某个具体操作任务后，就希望能够最大限度地借鉴该"劳动成果"，使得类似的拟人臂能够便捷、快速地获得相同的技巧来完成类似的任务，即实现技巧迁移。

本章给出技巧迁移的概念和技巧表达的形式，并在此基础上建立运动语言与技巧迁移的关系，从而得出基于运动语言的技巧迁移实现方法，为在实际任务中实现技巧迁移奠定了基础。

5.2　技巧迁移的概念与技巧表达

技巧迁移在本书中定义为将用于某个拟人臂上的完成某个操作任务的运动模式，甚至是人臂完成该任务时的运动范式转移，或者重构至另一个拟人臂上去完成相同的任务。技巧迁移类似于技巧学习，但两者又不完全相同。技巧学习更加强调一个智能体对另一个智能体运动技巧的观察、理解和重构这样完整的"自主学习"的过程，强调使用一些智能算法，如机器学习[2,3]、强化学习[4,5]和模拟学习[6,7]等，来赋予智能体自我改善、自我学习的能力，它属于更加复杂、更加智能的层级。而技巧迁移可以看成技巧学习的一个部分，它同样是要实现在一个智能体上重构复制另一个智能体上所采用的运动技巧，但是去掉了自主的成分，它允许借助用户的智能来帮助完成这个重构技巧的任务。

因此，技巧迁移不等同于技巧学习，却是技巧学习的重要组成部分，因为技巧迁移中包括了技巧学习中最重要的两个部分，即什么技巧和如何迁移技巧[1]。第一个问题就是要解决迁移什么的问题，如何参数化一个技巧？如何找到技巧的衡量标准？如何提取技巧中代表其特征的不变的量？这是一个重要问题[8,9]。因为只有找到这样一个参考标准，才有在另一个智能体上进行运动迁移的目标。有了这个目标，就需要探讨如何在另一个智能体的运动中体现这些表征技巧的核心参数及其关联匹配度的量化评估，从而实现该技巧，即如何实现技巧迁移的问题。

拟人臂甚至是整个仿人机器人的技巧表达可以分为两大类：轨迹表达法和符号表达法。轨迹表达法采用对机器人的关节轨迹编码的方式对一个具体的技巧进行表达。为了得到较少的可以用来模拟迁移的变量，编码通常采用降维方法将采集得到的运动轨迹信号转化为具有较小维度的运动空间。这些降维方法或者需要执行局部的线性化变换[10,11]，或者需要采用全局的非线性化方法[12,13]。Tso 等[14]使用基于统计的隐马尔可夫模型来编码运动数据的时空变化关系，对不同种类的运动进行建模、识别及重建。作为对隐马尔可夫模型的替代，Calinon 等[9]采用高斯混合模型对一系列关节轨迹进行了编码，并采用高斯混合回归方法生成关节轨迹的推广版本。由于对环境中的动态变化具有鲁棒性，动力学系统提供了一个非常有趣的技巧表达方法。Ijspeert 等[15]提出了一种基于动力学系统的运动编码方法，该方法首先建立一系列线性微分方程，然后将它们转换为一个具有指定吸引子动力学的非线性系统来鲁棒地表达关节轨迹。其中，点吸引子可以用来代表离散运动，如到达运动；而有限环吸引子则表示一个节律运动，如敲鼓运动。但是，基于关节轨迹的技巧表达方式无法表征具有超多自由度的如仿人机器人的复杂技巧，而且对每一个技巧都要进行具体的降维编码处理，技巧的表达效率较低。此外，技巧表达涉及具体机器人的关节空间，因此技巧迁移至具有不同关节空间的机器人具有很大的难度。

通过符号表达的方式来表征技巧是指将技巧或者任务编码为之前定义好的一系列符号化的动作的序列。这些动作的关节轨迹都是之前已经求解得到的。Nicolescu 等[16]采用一种基于图的层级结构来表达并推广轮式移动机器人的物体运输技巧。在这个模型中，图中的每个节点代表一个完整的动作，技巧的推广和泛化通过图的拓扑结构来实现。Pardowitz 等[17]采用一种相似的层级增量方法来对归置桌面和将碟子放入洗碗器中等不同的家庭日常任务进行编码，主要以提取如何管理被操作物体的方式的符号原则为主。Alissandrakis 等[18]采用一种符号化的方式将人体运动编码为一系列之前定义好的姿势、位置及位形，再将该运动迁移至另一个机器人的关节空间中。显而易见，基于符号的技巧表达方式严重依赖所提取的符号"运动单元"。受限于提取的运动单元，技巧的符号表达不如轨迹的表达

方式灵活，运动的表达要以之前定义好的最小运动单元为单位，运动技巧的表达
完备性不好验证。因此，运动单元的定义好坏与否直接决定了符号技巧表达的适
用性。符号技巧表达也较少涉及拟人臂或者是仿人机器人，并且在技巧表达中要
么将重心放在操作空间上，即强调末端执行器的运动；要么关注机器人的整个关
节空间的位形，即强调整体的姿态。Bekkering 等[19]指出，虽然机器人尤其是仿人
机器人被希望以越来越拟人化的运动技巧来完成任务，使得它们的行为对于人类
来说是可预测的且可接受的，但是技巧的实现是有目标导向的，也就是说，人类
在表达技巧时除了复制类似的拟人化动作之外，还要注意技巧的操作目标，即技
巧的实现目标意图。

　　此外，无论是轨迹方式的技巧表达还是符号方式的技巧表达，很多研究者都
只是针对具体的机器人研究了技巧的表达和生成问题，回避了或者没有充分地研
究技巧迁移当中的一致性问题[1]，即如何将同一个技巧在不同结构的机器人上实
现。到目前为止，该问题仍然是一个有待解决的重要问题。

5.3　运动语言与技巧迁移的关系

　　鉴于以上归纳得到的现存技巧迁移中主要面临的问题，本节提出用运动语言
的方式对拟人臂进行技巧迁移的思路。

　　首先，从形式上来说，基于动作基元的运动语言结构化运动技巧表达方式显
然属于符号技巧表达方式。本书所提出并建立的动作基元库就是符号表达中的最
小运动单元。然后，通过定义的一系列运动语法原则来连接和组织这些动作基元，
使之方便快捷地规划和设计复杂多样的操作任务。这是相对于轨迹技巧表达方式
的优势。然而，基于基元的这种技巧任务表达方式最关键的部分如前所述是提取
的动作基元库的灵活性和合理性，为此，为避免因动作基元的固化设定而导致的
运动局限性，本节通过"运动语句"的方式对提取的每个动作基元进行参数化。
通过对每个参数的调整便可以灵活地控制动作基元以满足实际的需求和需要。因
此，动作基元的灵活性得到了解决。

　　关于提取的动作基元的完备性，即是否提炼的最小运动单元能够组合构成所
有可能的拟人臂的运动，本书采取的策略是对表达拟人臂整体位形姿态的人臂三
角形空间以及表征拟人臂手部位置和姿态的操作空间来提取相应的动作基元。对
这两种拟人臂表达空间进行动作基元的提取很好地融合了技巧表达中对于拟人化
运动"形式"与面向操作任务"目标"的共同注重。在人臂三角形空间提取动作
基元时，任意的拟人臂运动技巧最终都可以分解到肩关节、肘关节及腕关节这三
个生理关节的运动上来，因此，本书的策略是分别在这三个生理关节上提取相应
的动作基元，并使得所提取的动作基元能够实现该生理关节的任意运动。例如，
肩部三个轴线正交的旋转动作基元就能够实现肩部绕任意轴线的旋转运动。在人

臂三角形空间里提取的动作基元侧重于控制和再现拟人臂运动技巧的拟人化运动形式。而在操作空间提取动作基元时，本书是按照描述固结在拟人臂末端手部的坐标系的位置和姿态来进行参数化的。将位置移动的几何形式与姿态变化的方式的所有组合都设计为不同的动作基元，由此来涵盖所有可能的关注拟人臂手部运动的动作基元。运动技巧的操作目标大多最终收敛于拟人臂的手部，因此在操作空间内提取的动作基元侧重于控制拟人臂完成运动技巧所指向的最终目标，例如，在抓取物体运动技巧中，最终要依靠操作空间动作基元引导拟人臂的灵巧手精确选取位置和姿态来抓取指定的目标物体。这样，拟人臂技巧的运动形式和操作目标就都可以通过提炼的动作基元进行表达。因此，提炼的动作基元库也很好地实现了运动单元的合理性和完备性。

关于拟人臂技巧迁移中的一致性问题，即对于由不同尺度大小臂构成以及由不同关节配置构成各个生理关节的不同拟人臂如何实现同一技巧的迁移。在运动语言中，作者的思路是在不同的拟人臂平台上实现相同的技巧，首先需要在不同的拟人臂平台上寻找"承载"相同技巧的相似之处。不同的拟人臂之所以能够实现相同的技巧，必然在不同的拟人臂平台上要拥有相似的元素才可能实现。不难发现，在提取动作基元时所采用的两个拟人臂表达空间为相同技巧的迁移打下了坚实的"物质基础"。不难理解，不同的拟人臂都拥有自身的末端执行器，通常为灵巧手。在这个传统的末端执行器的操作空间中，不同的拟人臂都可以驱动自身的灵巧手以相同的运动速度曲线沿着相同的空间轨迹完成相同的技巧运动。除此之外，在运动语言中，所有的拟人臂共同拥有的另一个结构特征，即人臂三角形，可用这个共同的人臂三角形空间来描述拟人臂整体的位形姿态。参数化人臂三角形的五个参数大臂的方向、人臂三角形平面的方向、大小臂的夹角、手指的方向以及手掌的方向均与拟人臂的结构和尺寸无关。也就是说，任何拟人臂平台上都具有这样一个人臂三角形空间，例如，可以采用动作基元 Δ-E1 以相同的角速度曲线在不同的拟人臂平台上实现相同的肘部伸展的动作。因此，人臂三角形空间与操作空间一起构成了拟人臂技巧迁移中非常好的"物质基础"。由这两个空间提炼而成的动作基元库以及随后发展出来的技巧表达就有了在不同拟人臂平台上相同的可能和基础。运动语言的这个特点是其能够用于实现技巧迁移最重要的关键点。

因此，由这些共同的动作基元按照一定层级结构组织起来描述完成某个具体任务的拟人臂运动文章就可以看成该运动技巧的本质。如图 5.1 所示，不同的动作基元按照动作基元层、动作层以及任务层这样的层级结构构成的一个完整的运动文章就是对于某种通用运动技巧的一种结构化表达。这种形式与乐谱的形式十分类似，本书中也将运动文章称为运动谱。根据不同拟人臂所共有的表达空间所提炼出来的动作基元就相当于不同乐器上都拥有的可以发出不同频率声响的器件(如钢琴的琴键和吉他的琴弦)所演奏出的不同的音高。共同的动作基元和音高构成了相同技巧和相同旋律基础。因此，不同的拟人臂参照相同的运动谱执行同一个技巧完成同一个操作任务实现技巧迁移，就相当于采用不同的乐器按照同一个乐谱演奏出同一段旋律一样。

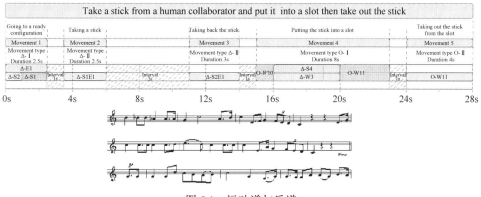

图 5.1　运动谱与乐谱

更进一步，如果描述技巧的运动谱中所采用的动作基元均来自人臂三角形空间，那么就称该技巧为表演技巧，如图 5.2(a)所示；而如果运动谱中所采用的动作基元均来自操作空间，那么就将该技巧定义为操作技巧，如图 5.2(b)所示。由此形成的技巧迁移分别为表演技巧迁移和操作技巧迁移。一般的表达技巧的运动谱中通常融合了两种类型的动作基元，如图 5.1 中的运动谱所示。总而言之，一个基于运动语言描述的使用特定动作基元并采用特定时间结构组织而成的运动谱就代表了与结构尺度无关、可供不同拟人臂共同使用的一种通用技巧。因此，运动谱可以看成一种非常好的运动技巧的表达方式，它给出了运动技巧的定义，揭示了在不同拟人臂上实现相同运动技巧迁移的本质。

(a) 表演技巧　　　　　　　　　　(b) 操作技巧

图 5.2　表演技巧与操作技巧

5.4　基于运动语言的技巧迁移实现方法

本节探讨如何实现在不同拟人臂之间的技巧迁移。如前所述,本书通过运动语言描述的运动谱可以看成在不同拟人臂之间通用的运动技巧的统一表达。因此,接下来的问题就是如何将这个统一的表达技巧的运动谱转化为不同拟人臂所对应的具体的关节运动轨迹,以驱动各自的拟人臂完成相同的技巧来实现技巧迁移。由于任意运动谱都可以最终分解为若干动作基元库中的基元,问题的重心就转移至如何将动作基元库中的所有通用的动作基元转化为具体拟人臂的关节轨迹。而求解动作基元所对应的关节轨迹又通常可以通过给定拟人臂各个关节的初始角度值来求解如式(5.1)所示的动态微分方程的过程:

$$\begin{cases} \dot{\boldsymbol{\theta}} = \boldsymbol{f}(t, \boldsymbol{\theta}) \\ \boldsymbol{\theta}(t_0) = \boldsymbol{\theta}_0 \end{cases}, \quad t \geqslant t_0 \tag{5.1}$$

式中,$\boldsymbol{\theta}$ 为拟人臂的关节角矢量;$\dot{\boldsymbol{\theta}}$ 为关节角速度矢量;t_0 为该动作基元的初始时刻;$\boldsymbol{\theta}_0$ 为动作基元初始时刻的关节角矢量。

于是,问题的关键又进一步明确为如何求解动作基元在每个时刻所对应的拟人臂关节角速度矢量。动作基元库中的动作基元分为操作空间动作基元和人臂三角形空间动作基元两大类。这两种动作基元的关节角速度求解的流程如图 5.3 所示。图中三角形表示拟人臂在人臂三角形空间中的位形表达。假设基坐标系 b 的中心位于右臂肩关节的中心,且 x 轴方向水平向右,y 轴水平向前,z 轴竖直向上,坐标系 u 固结在大臂上,坐标系 l 固结在小臂上,则 ${}_b\boldsymbol{\omega}_s^t$ 表示肩关节在基坐标系中描述的牵连角速度矢量,${}_b\boldsymbol{\omega}_e^{r\text{-}u}$ 表示肘关节在基坐标系中描述的小臂相对于大臂的相对角速度矢量,${}_b\boldsymbol{\omega}_e^{r\text{-}ul}$ 表示腕关节在基坐标系中描述的手部相对于大臂和小臂的相对角速度矢量,${}_b\boldsymbol{\omega}_w^a$ 表示腕关节在基坐标系中描述的绝对角速度矢量,${}_b\boldsymbol{v}_w^a$ 表示腕关节中心在基坐标系中描述的绝对线速度矢量。

两类动作基元求解关节角速度的过程均分为三步:

步骤 1,将当前的关节角矢量 $\boldsymbol{\theta}$ 转换为当前的人臂三角形 $\triangle$;

步骤 2,基于当前的人臂三角形,根据不同动作基元的运动特点来求解当前的各个生理关节的角速度矢量,即 ${}_b\boldsymbol{\omega}_s^t$、${}_b\boldsymbol{\omega}_e^{r\text{-}u}$、${}_b\boldsymbol{\omega}_e^{r\text{-}ul}$;

步骤 3,将当前的生理关节角速度 ${}_b\boldsymbol{\omega}_s^t$、${}_b\boldsymbol{\omega}_e^{r\text{-}u}$、${}_b\boldsymbol{\omega}_e^{r\text{-}ul}$ 最终转换为当前的机械关节角速度 $\dot{\boldsymbol{\theta}}$。

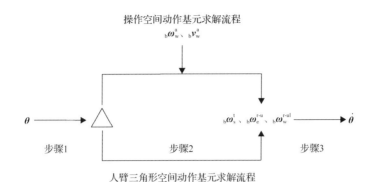

图 5.3　动作基元关节角速度求解流程

　　对于相同的拟人臂，具体的步骤 2 算法依赖于不同的动作基元属性，而步骤 1 和步骤 3 此时是不需要改变的。当不同的拟人臂执行同一个动作基元时，仅需要替换步骤 1 和 3 的算法，而此时步骤 2 的算法保持不变。简单来说，步骤 1 和步骤 3 的算法是依赖不同拟人臂的机械关节结构配置的，而步骤 2 的算法是由不同动作基元的运动特性决定的。在步骤 2 中，对于在人臂三角形空间描述的动作基元，根据几何规则性，由人臂三角形很容易得到 ${}_b\boldsymbol{\omega}_s^t$、${}_b\boldsymbol{\omega}_e^{r\text{-}u}$、${}_b\boldsymbol{\omega}_w^{r\text{-}ul}$ 角速度矢量的轴线，例如，在动作基元 Δ-S1 中，${}_b\boldsymbol{\omega}_s^t$ 的轴线沿人臂三角形参数 r 的方向。而角速度矢量的大小可以根据式 (3.1) 来求解。因此，人臂三角形动作基元中的步骤 2 容易实现。对于在操作空间描述的动作基元，其步骤 2 与人臂三角形空间中动作基元不同的是加入了操作空间的约束 ${}_b\boldsymbol{\omega}_w^a$、${}_b\boldsymbol{v}_w^a$，其方向是由动作基元的运动特性确定的，其大小同样可以由式 (3.1) 给出。下面详细介绍关于操作空间动作基元求解流程中步骤 2 的算法。

　　如图 5.4 所示，将腕部中心的绝对线速度 ${}_b\boldsymbol{v}_w^a$ 按照沿“肩-腕”轴线 ($/\!/SW$) 和垂直于“肩-腕”轴线的平面 ($\perp SW$) 进行分解分别得到分量 ${}_b^{/\!/SW}\boldsymbol{v}_w^a$、${}_b^{\perp SW}\boldsymbol{v}_w^a$。其中，只有肘部的运动才能改变“肩-腕”轴线的长度，因此 ${}_b^{/\!/SW}\boldsymbol{v}_w^a$ 只能由肘部的相对角速度 ${}_b\boldsymbol{\omega}_e^{r\text{-}u}$ 在腕部中心所产生的线速度 ${}_b\boldsymbol{v}_e^{r\text{-}u}$ 沿“肩-腕”轴线分量来提供。而 ${}_b\boldsymbol{v}_e^{r\text{-}u}$ 沿垂直于“肩-腕”轴线平面的另一分量与肩部牵连角速度 ${}_b\boldsymbol{\omega}_s^t$ 的分量 ${}_b^{\perp SW}\boldsymbol{\omega}_s^t$ 在腕部中心所产生的线速度 ${}_b^{\perp SW}\boldsymbol{v}_s^t$ 将合成 ${}_b^{\perp SW}\boldsymbol{v}_w^a$。这里，${}_b\boldsymbol{\omega}_s^t$ 的另一分量 ${}_b^{/\!/SW}\boldsymbol{\omega}_s^t$ 对 ${}_b\boldsymbol{v}_w^a$ 没有影响，故将 ${}_b^{/\!/SW}\boldsymbol{\omega}_s^t$ 始终设置为 0。另外，根据刚体转动的合成原理，肩部的牵连角速度 ${}_b\boldsymbol{\omega}_s^t$、肘部的相对角速度 ${}_b\boldsymbol{\omega}_e^{r\text{-}u}$ 及腕部的相对角速度 ${}_b\boldsymbol{\omega}_w^{r\text{-}ul}$ 可以合成腕部的绝对角速度 ${}_b\boldsymbol{\omega}_w^a$，即可以得到等式 ${}_b\boldsymbol{\omega}_s^t + {}_b\boldsymbol{\omega}_e^{r\text{-}u} + {}_b\boldsymbol{\omega}_w^{r\text{-}ul} = {}_b\boldsymbol{\omega}_w^a$。

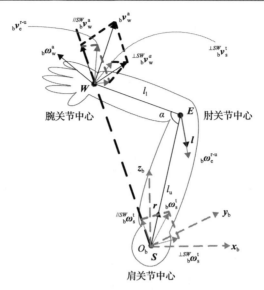

图 5.4　操作空间动作基元关节轨迹求解流程步骤 2 求解示意图

根据以上分析，可以得到具体的求解算法：

$$EW_u = (r, l \times r, l) R(z, (\alpha - 180))(1, 0, 0)^T$$

$$EW = l_1 EW_u$$

$$SE = l_u r$$

$$SW = SE + EW$$

$$SW_u = \frac{SW}{\|SW\|}$$

$$^{//SW}_b v^a_w = \left({}_b v^a_w \cdot SW_u \right) SW_u$$

$$^{\perp SW}_b v^a_w = {}_b v^a_w - {}^{//SW}_b v^a_w$$

$$_b v^{r\text{-}u}_e = \frac{{}^{//SW}_b v^a_w}{(l \times EW_u) \cdot SW_u} (l \times EW_u)$$

$$_b \omega^{r\text{-}u}_e = \frac{EW_u \times {}_b v^{r\text{-}u}_e}{l_1} \tag{5.2}$$

$$^{\perp SW}_b v^t_s = {}^{\perp SW}_b v^a_w - \left({}_b v^{r\text{-}u}_e - {}^{//SW}_b v^a_w \right)$$

$$^{\perp SW}_b \omega^t_s = \frac{SW_u \times {}^{\perp SW}_b v^t_s}{\|SW\|}$$

$$_b\boldsymbol{\omega}_s^t = {}^{\perp SW}_b\boldsymbol{\omega}_s^t + \mathbf{0} \tag{5.3}$$

$$_b\boldsymbol{\omega}_w^{r-ul} = {}_b\boldsymbol{\omega}_w^a - {}_b\boldsymbol{\omega}_s^t - {}_b\boldsymbol{\omega}_e^{r-u} \tag{5.4}$$

其中，大写符号均代表列矢量，如 $\boldsymbol{EW}$；$(\boldsymbol{r},\boldsymbol{l}\times\boldsymbol{r},\boldsymbol{l})$ 表示由三个三维列矢量构成的三维方阵；$\boldsymbol{l}\times\boldsymbol{r}$ 表示 $\boldsymbol{l}$ 与 $\boldsymbol{r}$ 的叉积；$\boldsymbol{R}\left(z,(\alpha-180)\right)$ 表示绕 z 轴旋转 α–180° 的旋转矩阵；$(0,0,1)^T$ 表示行向量 $(0,0,1)$ 的转置；l_u 表示大臂的长度；l_l 表示小臂的长度；$_b\boldsymbol{v}_w^a \cdot \boldsymbol{SW}_u$ 表示 $_b\boldsymbol{v}_w^a$ 与 $\boldsymbol{SW}_u$ 的点积；$\|\boldsymbol{SW}\|$ 表示矢量 $\boldsymbol{SW}$ 的 2 范数。对于不同的拟人臂，该部分算法的区别仅在于大小臂的长度 l_u 和 l_l。其余部分对于所有拟人臂都是相同的。这样，就可以通过式(5.2)～式(5.4)来求解得到拟人臂各个生理关节的角速度矢量。

另外，由于在动作基元关节轨迹求解流程步骤 2 中采用直观的人臂三角形来指定动作基元的初始位形，因此需要通过人臂三角形空间到关节空间的逆映射来求解微分方程式(5.1)中的初值 $\boldsymbol{\theta}_0$。这样，在整个关节轨迹求解流程中与拟人臂机械关节构型相关的部分就是涉及步骤 1 的关节空间和人臂三角形空间的相互映射关系，以及步骤 3 中从各个生理关节的牵连或相对角速度到各个机械关节角速度的映射关系。从求解机械关节角速度的过程中不难发现，不同于通过雅可比矩阵的逆来求解机械关节角速度矢量的传统方法，本书的主要策略是利用并借助拟人臂关节结构与尺度无关的共同的人臂三角形空间以及共同的生理关节角速度矢量 $_b\boldsymbol{\omega}_s^t$、$_b\boldsymbol{\omega}_e^{r-u}$、$_b\boldsymbol{\omega}_w^{r-ul}$ 来求解拟人臂动作基元在各个时刻所对应的机械关节角速度矢量。显而易见，这种求解方法比利用隐形的雅可比矩阵的方法更为直观与易于理解。

接下来，继续探讨动作基元关节轨迹求解流程中步骤 1 和 3 的具体算法。这部分算法与具体的拟人臂机械关节结构配置有关，因此这里继续沿用第 2 章用到的拟人臂模型做示例性的介绍，如图 5.5 所示。不同的拟人臂可以采用类似的方法进行求解。

针对图 5.5 中的拟人臂，步骤 1 算法中所涉及的关节空间 $\boldsymbol{\theta}:\{\theta_1,\theta_2,\theta_3,\theta_4,\theta_5,\theta_6,\theta_7\}$ 与人臂三角形空间 $\Delta:\{\boldsymbol{r},\boldsymbol{l},\alpha,\boldsymbol{f},\boldsymbol{p}\}$ 之间的相互映射已在第 2 章中的拟人臂运动学中有详细介绍，这里不再重复介绍。这里主要介绍步骤 3 中由各个生理关节的角速度矢量 $_b\boldsymbol{\omega}_s^e$、$_b\boldsymbol{\omega}_e^{r-u}$、$_b\boldsymbol{\omega}_w^{r-ul}$ 转换为各个机械关节角速度 $\dot{\boldsymbol{\theta}}$ 的算法。

对于肩关节，由图 5.5 的机械关节结构可以得到如图 5.6 所示的前三个关节的关节角速度示意图。图 5.6 是一个单位半球，肩关节牵连角速度 $_b\boldsymbol{\omega}_s^t$ 由前三个关节角速度 $\dot{\theta}_1$、$\dot{\theta}_2$、$\dot{\theta}_3$ 来实现，也就是说，要利用前三个关节的关节轴线 z_0、z_1、z_2 作为基来对矢量 $_b\boldsymbol{\omega}_s^t$ 进行线性表达。此处的求解策略是将 $_b\boldsymbol{\omega}_s^t$ 分解为沿 z_2 的分量 $^{//z_2}\boldsymbol{\omega}_s^t$ 和垂直于 z_2 的分量 $^{\perp z_2}\boldsymbol{\omega}_s^t$，同时将关节 1 角速度 $\dot{\theta}_1 z_0$ 也分解为沿 z_2 的分量 $^{//z_2}\dot{\theta}_1 z_0$ 和垂直于沿 z_2 的分量 $^{\perp z_2}\dot{\theta}_1 z_0$。不难证明，$z_0$ 总位于 z_2、$\boldsymbol{x}_2$ 构成的平面之上，

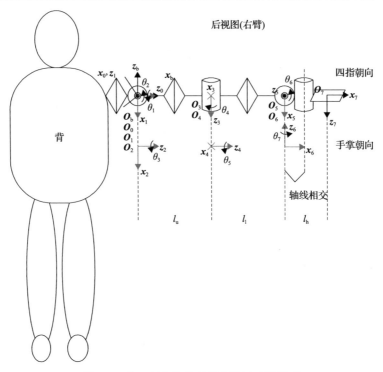

图 5.5　第 2 章中的典型拟人臂运动学模型

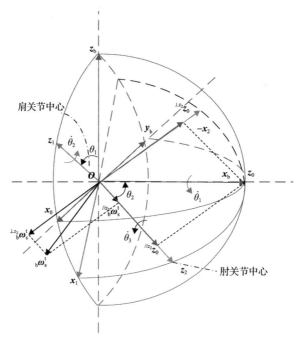

图 5.6　求解肩关节中机械关节角速度算法原理示意图

因此 $^{\perp z_2}\dot{\theta}_1 z_0$ 在 x_2 的轴线上。这样，$^{\perp z_2}\dot{\theta}_1 z_0$ 和关节 2 角速度 $\dot{\theta}_2 z_1$ 可以合成 $^{\perp z_2}_{b}\boldsymbol{\omega}_s^t$，而 $^{//z_2}\dot{\theta}_1 z_0$ 和关节 3 角速度 $\dot{\theta}_3 z_2$ 可以合成 $^{//z_2}_{b}\boldsymbol{\omega}_s^t$。由于 z_1、z_2、x_2 三轴相互正交，选择合适的 $\dot{\theta}_1$、$\dot{\theta}_2$、$\dot{\theta}_3$ 可以得到任意的 $_b\boldsymbol{\omega}_s^t$。值得注意的是，当 $\theta_2=0$，即当大臂水平向右时，z_0、z_2 轴线重合，相当于损失一个基，这时 z_0、z_1、z_2 所张成的三维笛卡儿空间退化为 z_0、z_1 张成的二维平面，无法线性表达任意的肩关节角速度矢量 $_b\boldsymbol{\omega}_s^t$。此时，该拟人臂肩部处于奇异位形。

根据以上分析，构成生理肩关节的三个机械关节角速度值的求解算法如下：

$$_b\boldsymbol{z}_0 = \left(1, 0, 0\right)^T$$

$$_b\boldsymbol{z}_1 = \left(0, -\sin\theta_1, \cos\theta_1\right)^T$$

$$_b\boldsymbol{z}_2 = \left(\cos\theta_2, \cos\theta_1\sin\theta_2, \sin\theta_1\sin\theta_2\right)^T$$

$$^{//z_2}_{b}\boldsymbol{z}_0 = \left(_b\boldsymbol{z}_0 \cdot {_b}\boldsymbol{z}_2\right){_b}\boldsymbol{z}_2$$

$$^{\perp z_2}_{b}\boldsymbol{z}_0 = {_b}\boldsymbol{z}_0 - {^{//z_2}_{b}}\boldsymbol{z}_0$$

$$^{\perp z_2}_{b}\boldsymbol{z}_{0u} = {^{\perp z_2}_{b}}\boldsymbol{z}_0 / \left\| {^{\perp z_2}_{b}}\boldsymbol{z}_0 \right\|$$

$$^{//z_2}_{b}\boldsymbol{\omega}_s^t = \left(_b\boldsymbol{\omega}_s^t \cdot {_b}\boldsymbol{z}_2\right){_b}\boldsymbol{z}_2$$

$$^{\perp z_2}_{b}\boldsymbol{\omega}_s^t = {_b}\boldsymbol{\omega}_s^t - {^{//z_2}_{b}}\boldsymbol{\omega}_s^t$$

$$\dot{\theta}_1 = \left({^{\perp z_2}_{b}}\boldsymbol{\omega}_s^t \cdot {^{\perp z_2}_{b}}\boldsymbol{z}_{0u}\right)\left(\left\| {^{\perp z_2}_{b}}\boldsymbol{z}_0 \right\|\right)^{-1} \tag{5.5}$$

$$\dot{\theta}_2 = {^{\perp z_2}_{b}}\boldsymbol{\omega}_s^t \cdot {_b}\boldsymbol{z}_1 \tag{5.6}$$

$$\dot{\theta}_3 = \left(_b\boldsymbol{\omega}_s^t \cdot {_b}\boldsymbol{z}_2\right) - \left(\dot{\theta}_1 \cdot {_b}\boldsymbol{z}_0 \cdot {_b}\boldsymbol{z}_2\right) \tag{5.7}$$

其中，$_b\boldsymbol{z}_0$ 表示 z_0 在基坐标系中的表达。

对于肘关节，相对角速度 $_b\boldsymbol{\omega}_e^{r\text{-}u}$ 仅由关节 4 来实现。根据图 5.4 的求解流程可知，人臂三角形的参数是已知的，并且 $_b\boldsymbol{\omega}_e^{r\text{-}u}$ 的方向不是与 $\boldsymbol{l}$ 同向，就是与其反向。于是求解关节 4 角速度的计算方法如下：

$$\begin{cases} \dot{\theta}_4 = \left\| {_b}\boldsymbol{\omega}_e^{r\text{-}u} \right\|, & {_b}\boldsymbol{\omega}_e^{r\text{-}u} \cdot \boldsymbol{l} > 0 \\ \dot{\theta}_4 = \left\| -{_b}\boldsymbol{\omega}_e^{r\text{-}u} \right\|, & {_b}\boldsymbol{\omega}_e^{r\text{-}u} \cdot \boldsymbol{l} < 0 \end{cases} \tag{5.8}$$

对于腕关节，相对角速度 $_b\boldsymbol{\omega}_w^{r\text{-}ul}$ 由后 3 个关节来实现。为了求解后 3 个关节的关节角速度，将图 5.5 中的 4 系 $\{z_4, x_4, y_4\}$ 平移至腕部中心作为参照坐标系，后 3 个关节的关节角速度示意图如图 5.7 所示。其中 z_4 沿着小臂的方向，y_4 为人臂三角形平面法线 l 的负方向。$_4\boldsymbol{\omega}_w^{r\text{-}ul}$ 为腕部相对角速度在 4 系中的表达。后 3 个关节角速度的求解策略与前 3 个关节类似，将 $_4\boldsymbol{\omega}_w^{r\text{-}ul}$ 分解为沿 z_6 方向的分量 $^{//z_6}_4\boldsymbol{\omega}_w^{r\text{-}ul}$ 和垂直于 z_6 的分量 $^{\perp z_6}_4\boldsymbol{\omega}_w^{r\text{-}ul}$，同时将关节 5 的角速度 $\dot{\theta}_5 z_4$ 分解为 $^{//z_6}\dot{\theta}_5 z_4$ 和 $^{\perp z_6}\dot{\theta}_5 z_4$。由于 z_6、x_6 构成的平面总是通过 z_4，$^{\perp z_6}\dot{\theta}_5 z_4$ 在 x_6 的轴线上，于是，$^{\perp z_6}\dot{\theta}_5 z_4$ 和关节 6 角速度 $\dot{\theta}_6 z_5$ 可以合成 $^{\perp z_6}_4\boldsymbol{\omega}_w^{r\text{-}ul}$，而 $^{//z_6}\dot{\theta}_5 z_4$ 和关节 7 角速度 $\dot{\theta}_7 z_6$ 可以合成 $^{//z_6}_4\boldsymbol{\omega}_w^{r\text{-}ul}$。由于 z_5、x_6、z_6 三轴相互正交，可选择合适的 $\dot{\theta}_5$、$\dot{\theta}_6$、$\dot{\theta}_7$ 得到任意的 $_4\boldsymbol{\omega}_w^{r\text{-}ul}$。同样值得注意的是，当 $\theta_6 = 0$ 或 π，即当四指朝向垂直于小臂时，z_4、z_6 轴线重合，相当于损失一个基，这时 z_4、z_5、z_6 所张成的三维笛卡儿空间退化为 z_4、z_5 张成的二维平面，无法线性表达任意的腕关节角速度矢量 $_b\boldsymbol{\omega}_w^{r\text{-}ul}$。此时，该拟人臂腕部处于奇异位形。

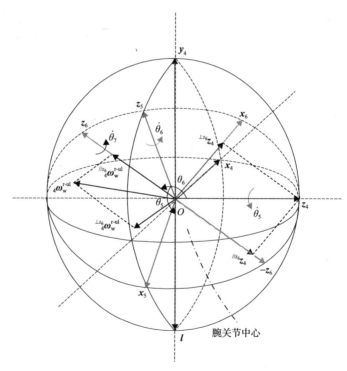

图 5.7　求解腕关节中机械关节角速度算法原理示意图

根据以上分析，构成生理腕关节的三个机械关节角速度值的求解算法如下：

$$_b\boldsymbol{z}_4 = (\boldsymbol{r}, \boldsymbol{l} \times \boldsymbol{r}, \boldsymbol{l}) \boldsymbol{R}(z, (\alpha - 180))(1,0,0)^T$$

$$_b\boldsymbol{y}_4 = -\boldsymbol{l}$$

$$_b\boldsymbol{x}_4 = {_b\boldsymbol{y}_4} \times {_b\boldsymbol{z}_4}$$

$$_4\boldsymbol{\omega}_w^{r\text{-ul}} = \left(_b\boldsymbol{z}_4, {_b\boldsymbol{x}_4}, {_b\boldsymbol{y}_4} \right)^T {_b\boldsymbol{\omega}_w^{r\text{-ul}}}$$

$$_4\boldsymbol{z}_4 = (1,0,0)^T$$

$$_4\boldsymbol{z}_5 = (0, \sin\theta_5, -\cos\theta_5)^T$$

$$_4\boldsymbol{z}_6 = (\cos\theta_6, -\cos\theta_5\sin\theta_6, -\sin\theta_5\sin\theta_6)^T$$

$$_4^{//z_6}\boldsymbol{z}_4 = \left({_4\boldsymbol{z}_4} \cdot {_4\boldsymbol{z}_6} \right) {_4\boldsymbol{z}_6}$$

$$_4^{\perp z_6}\boldsymbol{z}_4 = {_4\boldsymbol{z}_4} - {_4^{//z_6}\boldsymbol{z}_4}$$

$$_4^{\perp z_6}\boldsymbol{z}_{4u} = {_4^{\perp z_6}\boldsymbol{z}_4} \Big/ {_4^{\perp z_6}\boldsymbol{z}_4}$$

$$_4^{//z_6}\boldsymbol{\omega}_w^{r\text{-ul}} = \left({_4\boldsymbol{\omega}_w^{r\text{-ul}}} \cdot {_4\boldsymbol{z}_6} \right) {_4\boldsymbol{z}_6}$$

$$_4^{\perp z_6}\boldsymbol{\omega}_w^{r\text{-ul}} = {_4\boldsymbol{\omega}_w^{r\text{-ul}}} - {_4^{//z_6}\boldsymbol{\omega}_w^{r\text{-ul}}}$$

$$\dot{\theta}_5 = ({_4^{\perp z_6}\boldsymbol{\omega}_w^{r\text{-ul}}} \cdot {_4^{\perp z_6}\boldsymbol{z}_{4u}}) \Big/ {_4^{\perp z_6}\boldsymbol{z}_4} \tag{5.9}$$

$$\dot{\theta}_6 = {_4^{\perp z_6}\boldsymbol{\omega}_w^{r\text{-ul}}} \cdot {_4\boldsymbol{z}_5} \tag{5.10}$$

$$\dot{\theta}_7 = \left({_4\boldsymbol{\omega}_w^{r\text{-ul}}} \cdot {_4\boldsymbol{z}_6} \right) - \left(\dot{\theta}_5 \cdot {_4\boldsymbol{z}_4} \cdot {_4\boldsymbol{z}_6} \right) \tag{5.11}$$

至此，通过式(5.5)～式(5.11)就可以实现动作基元关节轨迹求解流程步骤 3 中将拟人臂生理关节角速度矢量转换为各个机械关节的角速度值。结合步骤 1 和步骤 2 的算法，就可以容易得到实现任意动作基元所对应的如式(5.1)所示的关于机械关节角速度矢量的微分方程组，然后根据拟人臂运动学逆解得到动作基元初始状态时各个关节的初始关节角，最后利用龙格-库塔方法求解所建立的机械关节角速度微分方程组来得到实现动作基元的关节轨迹。对于不同的拟人臂，只需要替换求解流程中步骤 1 和步骤 3 的相关算法，就可以方便地求解得到不同的拟人臂实现动作基元所对应的关节轨迹。这样，不同的拟人臂实现动作基元库中的任意基元所对应的关节轨迹，都可以通过以上介绍的实现方式进行求解得到，这给不同拟人臂之间的基于动作基元所描述的运动技巧的迁移实现打下了坚实的理论基础。

5.5 本 章 小 结

本章所提出的运动语言方法包含的动作基元具有通用性，可以成为一种非常好的设计通用拟人臂技巧的工具。其中，动作基元的可参数化使得对运动技巧的描述和表达更为灵活、更为广泛。从描述拟人臂灵巧手位姿的通用操作空间和描述整个拟人臂位形姿态的通用人臂三角形空间中提取的动作基元，能够帮助不同拟人臂既实现拟人化形式的运动，又专注于灵巧手操作目标的控制。更为重要的是，这两个不同拟人臂之间的通用表达空间为解决技巧迁移中的一致性问题提供了很好的物质基础，使得发展出来的运动语言能够很好地实现不同结构尺度拟人臂之间的技巧迁移。本章开发了一个操作变换流程，可以求解得到不同拟人臂实现动作基元库中的任意动作基元所对应的各关节轨迹，通过实现各个基本运动单元的运动迁移来实现由这些运动单元所构成的整个运动技巧的迁移。另外，值得一提的是，该运动语言同时具有描述真实人臂运动技巧的能力，即具有可以实现从人臂技巧到拟人臂技巧迁移的潜力。

参 考 文 献

[1] Billard A, Calinon S, Dillmannet R, et al. Robot Programming by Demonstration[M]. Berlin: Springer, 2008.

[2] Hovland G E, Sikka P, Mccarragher B J. Skill acquisition from human demonstration using a hidden markov model[C]. IEEE International Conference on Robotics and Automation, Minneapolis, 1996: 2706-2711.

[3] Calinon S, Billard A. Recognition and reproduction of gestures using a probabilistic framework combining PCA, ICA and HMM[C]. Proceedings of the 22nd International Conference on Machine Learning, Bonn, 2005: 105-112.

[4] Guenter F, Hersch M, Calinon S, et al. Reinforcement learning for imitating constrained reaching movements[J]. Advanced Robotics, 2007, 21(13): 1521-1544.

[5] Peters J, Vijayakumar S, Schaal S. Reinforcement learning for humanoid robotics[C]. Proceedings of the 3rd IEEE-RAS International Conference on Humanoid Robots, Karlsruhe, 2003: 1-20.

[6] Chella A, Dindo H, Infantino I. A cognitive framework for imitation learning[J]. Robotics and Autonomous Systems, 2006, 54(5): 403-408.

[7] Schaal S. Is imitation learning the route to humanoid robots?[J]. Trends in Cognitive Sciences, 1999, 3(6): 233-242.

[8] Sato T, Genda Y, Kuboteraet H, et al. Robot imitation of human motion based on qualitative description from multiple measurement of human and environmental data[C]. IEEE/RSJ International Conference on Intelligent Robots and Systems, Las Vegas, 2003: 2377-2384.

[9] Calinon S, Guenter F, Billard A. On learning, representing, and generalizing a task in a humanoid robot[J]. IEEE Transactions on Systems, Man, and Cybernetics, Part B: Cybernetics, 2007, 37(2): 286-298.

[10] Vijayakumar S, Schaal S. Locally weighted projection regression: An $O(n)$ algorithm for incremental real time learning in high dimensional space[C]. Proceedings of the 17th International Conference on Machine Learning, Stanford, 2000: 1079-1086.

[11] Vijayakumar S, D'Souza A, Schaal S. Incremental online learning in high dimensions[J]. Neural Computation, 2005, 17(12): 2602-2634.

[12] Shon A P, Grochow K, Rao R P. Robotic imitation from human motion capture using gaussian processes[C]. RAS International Conference on Humanoid Robots, Tsukuba, 2005: 129-134.

[13] Grochow K, Martin S L, Hertzmannet A, et al. Style-based inverse kinematics[J]. ACM Transactions on Graphics, 2004, 23(3): 522-531.

[14] Tso S K, Liu K P. Hidden Markov model for intelligent extraction of robot trajectory command from demonstrated trajectories[C]. Proceedings of the IEEE International Conference on Industrial Technology, Shanghai, 1996: 294-298.

[15] Ijspeert A J, Nakanishi J, Schaal S. Learning control policies for movement imitation and movement recognition[J]. Advances in Neural Information Processing Systems, 2003, 15: 1547-1554.

[16] Nicolescu M N, Mataric M J. Natural methods for robot task learning: Instructive demonstrations, generalization and practice[C]. Proceedings of the 2nd International Joint Conference on Autonomous Agents and Multiagent Systems, Melbourne, 2003: 241-248.

[17] Pardowitz M, Knoop S, Dillmannet R, et al. Incremental learning of tasks from user demonstrations, past experiences, and vocal comments[J]. IEEE Transactions on Systems, Man, and Cybernetics, Part B: Cybernetics, 2007, 37(2): 322-332.

[18] Alissandrakis A, Nehaniv C L, Dautenhahn K. Correspondence mapping induced state and action metrics for robotic imitation[J]. IEEE Transactions on Systems, Man, and Cybernetics, Part B: Cybernetics, 2007, 37(2): 299-307.

[19] Bekkering H, Wohlschlager A, Gattis M. Imitation of gestures in children is goal-directed[J]. The Quarterly Journal of Experimental Psychology: Section A, 2000, 53(1): 153-164.

第6章　面向拟人臂运动的避障方法

6.1　引　　言

通过运动语言与拟人臂之间的接口可以求解拟人臂实现特定运动文章所对应的关节运动。以上运动规划没有考虑任何拟人臂避障问题，但随着拟人臂操作任务和操作环境的复杂度不断提高，避障问题将成为拟人臂成功完成操作任务的关键问题之一。本章将专门介绍面向拟人臂运动的避障方法。

针对冗余度机械臂的避障问题，当前主要有三大类方法，分别是 C 空间(位形空间)路径规划方法、人工势场法和梯度投影法。C 空间路径规划方法是一种适用于各种机器人的通用全局规划方法，它将三维空间中与环境发生干涉的机器人位形的集合转换为 C 空间障碍物，再在 C 空间中基于 C 空间障碍物进行避障路径规划。由于涉及的机器人位形空间通常是高维的，完整的 C 空间障碍物不易建立，实际操作中最为有效的是基于采样的 C 空间路径规划方法。在这其中最具有代表性的 PRM 方法[1]和 RRT 方法[2]。由于在 C 空间的避障搜索路径并没有考虑冗余度机械臂具体的运动学模型和结构特征，规划的机械臂运动过程在计算结果出来之前是无法预知和控制的。此外，该方法涉及高维空间的搜索算法，计算成本也是不容忽视的。

人工势场法不需要构建 C 空间模型，但需要建立一个可以引导机械臂运动的可微实值函数，称为势场函数。势场函数包含两部分：一个是将机械臂吸引至目标状态的引力部分，另一个是将机械臂推离障碍物的斥力部分。两部分的势能值根据机械臂当前状态与目标状态以及障碍物相互之间的距离度量，按照一定的算法计算得到，将障碍物周围的势能值设计为高，而将目标状态的势能值设计为低。合成的势场函数的梯度方向指向局部增大势能值的方向，因此通过梯度下降法可以计算机械臂从初始位形到目标位形的避障关节轨迹[3,4]，但采用人工势场法不能保证得到问题的解。此外，人工势场法还容易陷入局部最小值，无法到达指定的目标状态[5]。

梯度投影法是基于冗余度机械臂雅可比矩阵伪逆的方法，也是一种局部优化方法。它的解可以分为两部分：最小范数解和零空间解。前者能够使得机械臂以最小的关节角速度完成指定的末端执行器的运动，后者可以通过机械臂的自运动来优化某些避障指标而不影响末端执行器的运动，因此有许多学者提出了若干避障性能指标用于使冗余度机械臂尽可能地在运动过程中避开障碍物[6-9]。然而，类似于人工势场法，该局部优化方法也容易陷入局部最小值的困境。此外，人工势场法和梯度投影法这两种局部优化方法虽然考虑了机械臂的运动学模型，但是只能做到对末端执行器的运动控制，无法做到对机械臂位形运动过程的控制，而机械臂的位形控制对于拟人臂实现拟人化的避障运动是十分重要的。综上可知，C 空间路径规划方法具有较差的规划直观性和预测性，其他两种局部优化规划方法又容易陷入局部最小值困境，因此，本章根据上述三种主要避障方法的局限性，针对拟人臂这一特殊的冗余度机械臂，提出一种全局的通用、直观的拟人臂运动避障规划方法。该方法是专门针对拟人臂的避障方法，因此重点考虑了所有拟人臂相似的结构特点和规划需求。该方法的最大特点是它虽然是一种全局的避障规划方法，但是能够非常直观地控制拟人臂位形，以拟人化的方式尽可能地避开环境中的障碍物[10]。

6.2　全局避障地图的构建

在基于运动语言的拟人臂运动规划中，从操作空间中提取了相应的动作基元，因此假设在拟人臂末端执行器的层面上不会发生与障碍物之间的干涉，因为即使发生了干涉也可以采用与末端执行器位姿变化有关的操作空间动作基元来进行相应的避障，这也是上述传统方法中经常讨论的，在这里不将其作为讨论的重点，即假设拟人臂的灵巧手不会与障碍物发生碰撞。

本章将主要的精力放在给定基于动作基元的拟人臂运动规划结果后，如何控制拟人臂的整体位形来避免与环境障碍物发生碰撞。当拟人臂腕关节被驱动引导向目标位置时，不仅应该使腕关节远离障碍物，还应该关注如何使整个拟人臂位形远离障碍物。不难发现，不同的拟人臂总是具有几乎相同的外形及结构特征：它们都拥有大臂、小臂以及肩关节、肘关节和腕关节三个关节。正是拟人臂的这些结构特性，使得有可能提出一个统一的针对拟人臂运动规划的避障方法。为了简化在拟人臂和障碍物之间的避障检测，采用一些简单的几何体包围拟人臂及其附近的障碍物，以作为它们的近似几何表达。鉴于形状的相似性以及计算的简便性，采用一种称为胶囊体的球形扫掠体来表达大臂和小臂[11]，大臂所对应的胶囊体是由一个具有合适的半径的球体沿肩关节中心和肘关节中心的连线扫掠形成的，小臂对应的胶囊体是由一个与小臂外形相匹配的球体沿肘关节中心与腕关节中心的连线扫掠而成的。两个球形扫掠体之间的避障检测可以转化为简单地比较它们内部的基元之间(在本章中是指两条代表大臂、小臂的线段)的距离与两个扫掠用球的半径之和的大小，所以也采用球形扫掠体来表征障碍物。显而易见，任何复杂的球形扫掠体都可以由基本的球体生成。因此，不失一般性，假设球体是构成障碍物的基本元素。根据以上对障碍物的假设，在拟人臂工作空间内的障碍物可以用一系列不同的球体来表示。为了简要说明提出的拟人臂运动避障方法，使用两个不同半径大小的球体来表示操作环境中的障碍物，如图 6.1 所示。

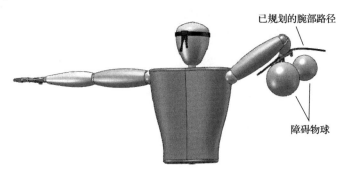

图 6.1　拟人臂操作环境中的障碍物示例

由前文介绍可知，拟人臂腕关节中心的避障路径已经由基于运动语言的运动规划保证。在已知拟人臂关节轨迹结果的情况下，其腕部路径可以通过拟人臂运动学方程从关节空间到操作空间的正解求解得到。腕部路径曲线的参数化表达式为

$$x = x(t), \quad y = y(t), \quad z = z(t) \tag{6.1}$$

因此，接下来的任务是在获得由运动语言方法规划得到的拟人臂关节轨迹后，如何对拟人臂的位形进行避障检测，以及如果发生干涉如何对其进行避障关节轨迹的修改。基于如式(6.1)所示的已知腕部路径，建立一个针对拟人臂的二维全局避障地图，以实现对拟人臂整体位形的避障检测与避障规划调整。在这个避障地图中，每个障碍物球都将对应一个禁区，除去这些禁区之外的区域被定义为该避障地图的可行区域。

如图 6.2 所示，采用一个简单的三角形来表征拟人臂的大臂和小臂的抽象结构，其中 S 表示肩关节的中心，E 表示肘关节的中心，W 代表腕关节的中心。大臂和小臂的长度 l_u 和 l_l 已知。如第 2 章所介绍，人臂的肩关节是一个球副，通常采用三个串联的轴线交汇于一点的关节组合来对其进行模拟，加上肘部的一个关节，拟人臂总共有四个自由度来确定拟人臂腕部中心的位置，这使得拟人臂对于腕关节位置的控制具有一个冗余自由度。这个冗余自由度可以被直观地认为是拟人臂绕着连接肩关节中心和腕关节中心的"肩-腕"轴线进行自旋转的运动，这个冗余的自由度不会影响腕部的位置。由于存在障碍物，这个拟人臂的自运动旋转被限制在一个有限的范围之内。接下来，将计算确切的拟人臂的自运动可行范围。

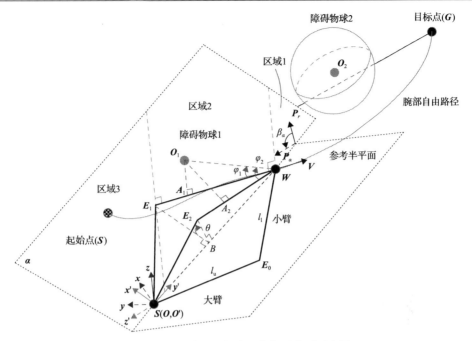

图 6.2　拟人臂位形与障碍物位置关系示意图

保持腕关节位置不动，自运动的角度将可以看成一个表征拟人臂位形的参数。因此，需要定义一个参考位形作为参考基准来计算一个拟人臂位形的自运动角度值。定义由矢量 SW 和 V 确定的半平面为拟人臂的参考平面，即当拟人臂位于该半平面内时，拟人臂的自运动角度值取为 0。其中矢量 V 指的是腕关节中心的瞬时速度。在腕关节中心的运动路径确定下来之后，拟人臂处于任意腕部路径点时所对应的参考半平面都可以通过这种方式确定下来。显然，这个参考半平面将随着腕部路径点的变化而变化。因此，定义好的或者已经求解得到的腕关节路径为整个拟人臂的位形描述提供了一个完整而连续的参考系统。

为了计算参考半平面与其他包含拟人臂的半平面之间的夹角，即拟人臂此时的自运动角度，用矢量 X 和矢量 SW 的叉积来定义半平面的方向矢量。其中 X 表示在半平面内且矢量尾部位于半平面旋转轴线 SW 上的任意矢量。根据这个定义，参考半平面的单位方向矢量，即单位平面法向量 P_r 可以通过式(6.2)求解得到：

$$P_r = (V \times SW)/\|V \times SW\| \tag{6.2}$$

其中，符号×表示矢量之间的叉积。选择腕关节的瞬时速度矢量 V 作为确定参考半平面方向矢量的 X 矢量。不难证明，在任意一个腕关节路径点，拟人臂对于一个障碍物球 O_i 所扫掠过的可行区域关于经过该障碍物心的半平面 α 对称。该半平面的单位方向矢量 P_α 可以通过式(6.3)求得：

$$P_\alpha = (SO_i \times SW)/\|SO_i \times SW\| \tag{6.3}$$

拟人臂自运动旋转的正方向通过右手螺旋定则来确定，即使右手的螺旋方向与自运动旋转方向一致。如果大拇指的方向沿着矢量 SW 的方向，则定义自运动旋转的角度为正。当拟人臂三角形位于过障碍物球心的半平面 α 时，其自运动旋转角度 β_α 可以用来描述拟人臂此刻的位形。β_α 求解的具体算法如下：

$$\text{if } \left(P_r \times P_\alpha\right) \cdot SW > 0$$
$$\quad \beta_\alpha = \arccos\left(P_r \cdot P_\alpha\right)$$
$$\text{else if } \left(P_r \times P_\alpha\right) \cdot SW < 0$$
$$\quad \beta_\alpha = -\arccos\left(P_r \cdot P_\alpha\right)$$
$$\text{else } \left(P_r \times P_\alpha\right) \cdot SW = 0$$
$$\quad \text{if } P_\alpha = P_r$$
$$\quad\quad \beta_\alpha = 0$$
$$\quad \text{else } P_\alpha = -P_r$$
$$\quad\quad \beta_\alpha = \pi$$
$$\quad \text{end}$$
$$\text{end}$$

由于拟人臂对于某个障碍物球的不可行位形集合所构成的禁区关于过该障碍物球心的半平面 α 对称，该半平面可以作为参考平面用来确定不可行拟人臂位形所对应的自运动旋转角的具体范围。如图 6.2 所示，在半平面 α 上的拟人臂三角形 SE_1W 绕轴 SW 旋转角度 θ 至三角形 SE_2W。因此，目标就是计算当拟人臂处于与障碍物球刚好接触时的边界条件下的旋转角度 θ_b。基于拟人臂的结构特征，这个问题可以分解为两个子问题：求解当大臂和小臂分别处于刚接触障碍物球时的边界条件下所对应的拟人臂自运动旋转角度 θ_{b_u} 和 θ_{b_l}，然后将两个角度中较大的一个设为需要求解的 θ_b。一点(障碍物球心)与一个线段(大臂和小臂的轴线)之间的关系将在接下来的部分进行分析。

以小臂为例进行分析(大臂的情形与小臂类似)，过点 E_1 和 W 分别在平面 α 小臂的轴线段 E_1W 的垂线将平面 α 分割为四部分，如图 6.2 所示：半平面的边界线 SW、区域 1、区域 2 和区域 3。当障碍物球心点 O_i 位于边界线上时，点 O_i 与线段 EW 之间的最短距离不会随着拟人臂的自运动旋转而发生改变。当点 O_i 位于区域 1 时，O_i 和 EW 之间的最短距离将发生在 O_i 与 W 之间。由于之前的运动语言运动规划已经可以保证拟人臂的腕部不会发生与障碍物之间的碰撞，并且取 r_i 表示障碍物球 i 所对应的半径，r_u 和 r_l 分别表示包围大臂和小臂的胶囊体的扫掠用球的半径，因此 O_iW 的长度始终大于 $r_i + r_l$。当 O_i 位于区域 2 时，O_i 与 EW 之间的最短距离将是点 O_i 到线段 EW 的垂线，如图 6.2 中所示的 O_iA_1。如果 $\| O_iA_1 \| \geqslant r_i + r_l$，那么拟人臂将始终不会与障碍物球发生碰撞；如果 $\| O_iA_1 \| < r_i + r_l$，那么拟人臂在半平面

α 上是不安全的，需要将拟人臂从半平面 α 自运动旋转大于等于一个角度 θ_a 才能使拟人臂不与障碍物球发生接触碰撞，而当旋转角度正好为 θ_a 时，障碍物球心到小臂轴线的垂线最短距离应该为 $\| O_i A_2 \| = r_i + r_1$。最后，当 O_i 位于区域 3 时，$O_i E_1$ 的长度便成为 O_i 和 EW 之间的最短距离。若 $\| O_i E_1 \| \geqslant r_i + r_1$，则拟人臂可以自由进行自运动旋转而不与障碍物发生干涉。而如果 $\| O_i E_1 \| < r_i + r_1$，那么位于半平面 α 上的拟人臂此时是与障碍物发生干涉的，因此拟人臂需要自运动旋转一定的角度使得拟人臂远离障碍物。当垂线段 $\| O_i A_2 \| = r_i + r_1$ 而垂足 A_2 位于线段 WE_2 的延长线上时，这个安全的自运动旋转角度为 θ_{el}，即此时障碍物球心到肘关节中心的距离 $\| O_i E_2 \| = r_i + r_1$；当垂线段 $\| O_i A_2 \| = r_i + r_1$ 而垂足位于线段 WE_2 之中时，这个安全的自运动旋转角度为之前提到的 θ_a。

基于以上分析，求解小臂自运动旋转临界安全角 θ_{b_1} 的算法如下：

if O_i 位于直线 SW 上
　　if 点 O_i 与线段 EW 之间的最短距离 $d_{\min} \geqslant r_i + r_1$
　　　　$\theta_{b\_1} = 0$
　　else $d_{\min} < r_i + r_1$
　　　　$\theta_{b\_1} = \pi$
else if O_i 位于区域 1
　　$\theta_{b\_1} = 0$
else if O_i 位于区域 2
　　if $d_{\min} \geqslant r_i + r_1$
　　　　$\theta_{b\_1} = 0$
　　else $d_{\min} < r_i + r_1$
　　　　$\theta_{b\_1} = \theta_a$
　　　　$\dot{\theta}_1 = ({}^{\perp z_2} \boldsymbol{\omega}_s^t \cdot {}^{\perp z_2} \boldsymbol{z}_{0u}) / \| {}^{\perp z_2} \boldsymbol{z}_0 \|$　O_i 位于区域 3
　　if $d_{\min} \geqslant r_i + r_1$
　　　　$\theta_{b\_1} = 0$
　　else $d_{\min} < r_i + r_1$
　　　　if $O_i A_2 = r_i + r_1$，A_2 位于线段 WE_2 的延长线上
　　　　　　$\theta_{b\_1} = \theta_{el}$
　　　　else $O_i A_2 = r_i + r_1$，A_2 位于线段 WE_2 之中
　　　　　　$\theta_{b\_1} = \theta_a$

end

接下来介绍 θ_a 和 θ_{el} 的求解算法。假设初始坐标系 $\boldsymbol{Oxyz}$ 的原点为肩关节中心，建立一个新坐标系 $\boldsymbol{O'x'y'z'}$，使得其原点与原坐标系重合。轴 $\boldsymbol{y'}$ 的方向沿矢量 $\boldsymbol{SW}$

的方向，轴 z' 的方向沿着半平面 $\boldsymbol{\alpha}$ 矢量方向。点 $\boldsymbol{W}$ 和 $\boldsymbol{E}$ 在新坐标系中的坐标分别为 $(0,\|\boldsymbol{SW}\|,0)$ 和 $(\|\boldsymbol{EB}\|\cos\theta,\|\boldsymbol{SB}\|,-\|\boldsymbol{EB}\|\sin\theta)$。而 $\boldsymbol{O}_i$ 在新坐标系中的坐标可以通过简单的坐标变换求得，即

$$^{O'}\boldsymbol{WO}_i = {}^{O'}\boldsymbol{O}_i - {}^{O'}\boldsymbol{W}$$

$$^{O'}\boldsymbol{WO}_{i\mathrm{u}} = {}^{O'}\boldsymbol{WO}_i \big/ \big\|{}^{O'}\boldsymbol{WO}_i\big\|$$

设 $(x_{\mathrm{u}},y_{\mathrm{u}},0)$ 用来表达单位矢量 $^{O'}\boldsymbol{WO}_{i\mathrm{u}}$，设 φ 为矢量 $^{O'}\boldsymbol{WO}_i$ 和 $^{O'}\boldsymbol{WE}$ 之间的夹角，则 $\varphi_2 = \arcsin\big((r_i+r_1)\big/\big\|{}^{O'}\boldsymbol{WO}_i\big\|\big)$，可得

$$
\begin{aligned}
&{}^{O'}\boldsymbol{WO}_{i\mathrm{u}} \cdot {}^{O'}\boldsymbol{WE}_2 = l_1\cos\varphi_2\\
\Rightarrow\ &{}^{O'}\boldsymbol{WO}_{i\mathrm{u}} \cdot \big({}^{O'}\boldsymbol{E}_2 - {}^{O'}\boldsymbol{W}\big) = l_1\cos\varphi_2\\
\Rightarrow\ &(x_{\mathrm{u}},y_{\mathrm{u}},0)\cdot\big(\|\boldsymbol{EB}\|\cos\theta_a,\|\boldsymbol{SB}\|-\|\boldsymbol{SW}\|,-\|\boldsymbol{EB}\|\sin\theta_a\big) = l_1\cos\varphi_2\\
\Rightarrow\ &\theta_a = \arccos\big\{\big[l_1\cos\varphi_2 - y_{\mathrm{u}}\big(\|\boldsymbol{SB}\|-\|\boldsymbol{SW}\|\big)\big]\big/\big(x_{\mathrm{u}}\|\boldsymbol{EB}\|\big)\big\}
\end{aligned}
\tag{6.4}
$$

假设 $\big\|{}^{O'}\boldsymbol{O}_i\boldsymbol{E}_2\big\| = r_i + r_1$，设 $(x,y,0)$ 为 $^{O'}\boldsymbol{O}_i$ 的坐标，可以得到

$$
\begin{aligned}
&\big(\|\boldsymbol{EB}\|\cos\theta_{\mathrm{el}}-x\big)^2 + \big(\|\boldsymbol{SB}\|-y\big)^2 + \|\boldsymbol{EB}\|^2\sin^2\theta_{\mathrm{el}} = (r_i+r_1)^2\\
\Rightarrow\ &\theta_{\mathrm{el}} = \arccos\big\{\big[\|\boldsymbol{EB}\|^2 + x^2 + \big(\|\boldsymbol{SB}\|-y\big)^2 - (r_i+r_1)^2\big]\big/\big(2x\|\boldsymbol{EB}\|\big)\big\}
\end{aligned}
\tag{6.5}
$$

一点到一条线段之间的最短距离的算法已经是成熟的算法，在之前研究工作中已经做过介绍[9]，这里不再赘述。在此基础上，根据式(6.4)、式(6.5)及求解小臂自运动旋转临界安全角 $\theta_{\mathrm{b\_1}}$ 的算法，可以求解小臂临界状态下的安全自运动旋转角度 $\theta_{\mathrm{b\_1}}$。采用同样的方式，大臂对应的临界状态下安全自运动旋转角度 $\theta_{\mathrm{b\_u}}$ 也可以容易得到，于是有

```
if  θ_b_u > θ_b_1
        θ_b = θ_b_u
else θ_b_u ≤ θ_b_1
        θ_b = θ_b_1
end
```

因此，根据以上分析，若拟人臂自运动旋转的角度 β 在以下范围内，则对应的拟人臂位形是不可行的，将与障碍物发生干涉。

$$\beta_\alpha - \theta_b \leqslant \beta \leqslant \beta_\alpha + \theta_b \tag{6.6}$$

在此基础上，可以构建一个二维地图，该地图的水平轴是时间，竖直轴是拟人臂的自运动旋转角。由于拟人臂腕部路径点与时间的关系已经由式(6.1)确定，于是给定时间就相当于给定了拟人臂腕关节中心的位置点。因此，在拟人臂腕部的路径确定以后，基于该路径构建的地图中的一个点就能够完全确定拟人臂腕部中心点所在位置和拟人臂自运动旋转的角度，即整个拟人臂的位形确定了。对于每一个障碍物球，拟人臂腕部位于每一个路径点，都有一个由式(6.6)确定的拟人臂不可行的位形范围。因此，随着拟人臂腕部在不同时刻到达不同的路径点，就会在地图中形成一个由障碍物导致的连续的拟人臂位形禁区。如图 6.3 所示，地图中有两个禁区：障碍物 1 所对应的禁区和障碍物 2 所对应的禁区。这样就建立了一个基于确定的腕部路径的拟人臂位形避障地图。除了障碍物所对应的禁区之外，剩下的区域就是拟人臂的可行区域。在这个位形区域内，拟人臂不会与障碍物发生干涉。

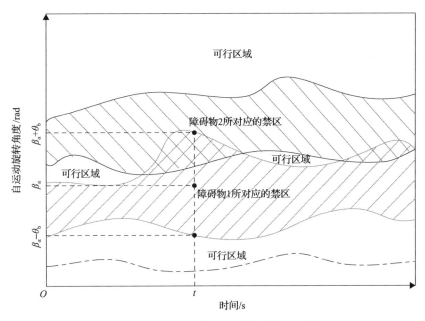

图 6.3　拟人臂二维全局避障地图示意图

6.3　基于避障地图的拟人臂避障检测与规划

基于创建的避障地图，能非常清晰直观地了解某个拟人臂位形与障碍物之间是否发生干涉，以及某个连续的运动是否会与障碍物发生碰撞。接下来将运动语言规划得到的拟人臂运动关节轨迹转化为该避障地图中的一条拟人臂自运动旋转角度曲线来检测所规划的运动是否会与环境中的障碍物发生碰撞。首先需要将拟人臂的关节轨迹转化为腕部的运动路径，然后求解规划结果中每一个腕部路径点处拟人臂的位形所对应的自运动旋转角度，以确定该位形在地图中的位置。由式(6.1)知，假设在时间 t 时，拟人臂的腕部位置坐标为 $\boldsymbol{X}=\big(x(t),y(t),z(t)\big)$，则拟人臂腕部的瞬时线速度 $\boldsymbol{V}$ 可由差分法计算得到：

$$\boldsymbol{V}=\frac{\big(x(t+\Delta t),y(t+\Delta t),z(t+\Delta t)\big)-\big(x(t-\Delta t),y(t-\Delta t),z(t-\Delta t)\big)}{2\Delta t} \tag{6.7}$$

其中，Δt 为求解得到的关节轨迹之间的时间间隔。可以通过减小 Δt 以及采用其他更为精确的差分方法来提高瞬时速度 $\boldsymbol{V}$ 的求解精度，这里不再展开。得到瞬时速度 $\boldsymbol{V}$ 之后就可以利用式(6.2)来求解拟人臂腕部位于每一个路径点时所对应的参考半平面的单位法向量 $\boldsymbol{P}_r$。然后，根据从关节空间到人臂三角形空间的正运动学算法，求解得到当前的拟人臂三角形平面所对应的单位法向量 $\boldsymbol{P}_l$，即人臂三角形参数中的$-\boldsymbol{l}$。最后，通过类似于 β_α 求解的算法，可以求解得到当前拟人臂位形下的自运动旋转角度 β。具体算法如下：

  if $\big(\boldsymbol{P}_r \times \boldsymbol{P}_l\big)\cdot \boldsymbol{X}>0$
   $\beta=\arccos\big(\boldsymbol{P}_r \cdot \boldsymbol{P}_l\big)$
  else if $\big(\boldsymbol{P}_r \times \boldsymbol{P}_l\big)\cdot \boldsymbol{X}<0$
   $\beta=-\arccos\big(\boldsymbol{P}_r \cdot \boldsymbol{P}_l\big)$
  else $\big(\boldsymbol{P}_r \times \boldsymbol{P}_l\big)\cdot \boldsymbol{X}=0$
   if $\boldsymbol{P}_l = \boldsymbol{P}_r$
    $\beta=0$
   else $\boldsymbol{P}_l = -\boldsymbol{P}_r$
    $\beta=\pi$
   end
  end

  这样就可以在避障地图中绘制出用运动语言规划出的拟人臂运动所对应的自运动旋转角度曲线。如图 6.4 所示，如果得到的自运动旋转角度曲线为障碍物 1 所对应的禁区下方的曲线，则因为该曲线完全在可行区域内，所以规划的拟人臂运动不会与环境中的障碍物发生碰撞。而如果得到的曲线为障碍物 2 所对应的禁区上方的曲线，那么由于该曲线部分穿越该禁区，意味着拟人臂在某个时段将会与障碍物发生干涉，则应该对原始规划的拟人臂运动轨迹进行再调整。

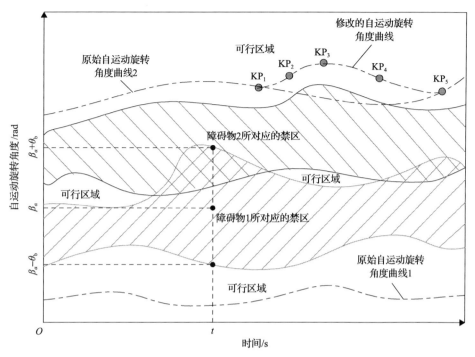

图 6.4 拟人臂运动的避障检测与再规划

由于避障地图十分直观，可以在地图上定义若干修改后的自运动旋转角度曲线需要经过的关键点，如图 6.4 中的 $KP_1(t_1, \beta_1)$、$KP_2(t_2, \beta_2)$、$KP_3(t_3, \beta_3)$、$KP_4(t_4, \beta_4)$、$KP_5(t_5, \beta_5)$ 使得修改后的自运动曲线调整到完全位于可行区域内而远离禁区，实现拟人臂运动的避障再规划。而图中 KP_1 至 KP_5 曲线改后的自运动旋转角度曲线表达式为

$$\beta_r = \beta_r(t) \tag{6.8}$$

可以通过对以上五个关键点进行三次样条插值得到，即使得插值函数满足

$$\begin{cases} \beta_r(t_1) = \beta_1 \\ \beta_r(t_2) = \beta_2 \\ \beta_r(t_3) = \beta_3 \\ \beta_r(t_4) = \beta_4 \\ \beta_r(t_5) = \beta_5 \end{cases}$$

加上两个附加的边界条件：

$$\begin{cases} \beta'_r(t_1) = \beta'_1 \\ \beta'_r(t_5) = \beta'_5 \end{cases} \tag{6.9}$$

式中的 β'_1 和 β'_5 可以通过原始的自运动旋转角度曲线差分得到。这样就可以得到修改后的三次样条函数形式的避障自运动曲线表达式 $\beta_r(t)$。三次样条插值的具体算法可以在相关的教材中找到[12]，这里不再详细介绍。

6.4　拟人臂避障关节轨迹生成

当得到修改后的拟人臂避障自运动旋转角度曲线表达式后，结合 6.3 节确定的拟人臂腕部路径，就可以完全确定拟人臂调整后的运动过程。下一步就应该将该运动过程转换为能够驱动拟人臂实现避障运动调整的关节轨迹。因此，接下来介绍如何将图 6.4 中所示的修改后自运动曲线转换为关节轨迹，以替换原来规划的关节轨迹。

在此之前，必须首先分析拟人臂的运动，这里所采用的策略是首先将拟人臂腕部路径以及自运动旋转角度信息转化为拟人臂各个生理关节的旋转角速度矢量，然后将这些角速度转化为各个机械关节所对应的关节角速度值，最后通过求解关于这些关节角速度的微分方程来得到修改后的拟人臂关节轨迹。

如图 6.5 所示，腕部的绝对线速度 v_w^a 是由肩部的牵连角速度及肘部的相对角速度 ω_s^t 引起的。v_w^a 可以分解为沿"肩-腕"轴线的 $^{//SW}v_w^a$ 分量和垂直于该轴线的 $^{\perp SW}v_w^a$ 分量。因为只有肘关节的运动可以改变肩关节和腕关节中心之间的距离，所以分量 $^{//SW}v_w^a$ 仅由肘关节相对角速度 ω_e^r 在腕关节所引起的线速度 v_e^r 的沿"肩-腕"轴线的分量提供。而另一个分量 $^{\perp SW}v_w^a$ 是由 v_e^r 另一垂直于"肩-腕"轴线的分量以及肩关节牵连角速度 ω_s^t 垂直"肩-腕"轴线的分量 $^{\perp SW}\omega_s^t$ 在腕部所引起的线速度 $^{\perp SW}v_s^t$ 共同合成的。而 ω_s^t 另一沿着"肩-腕"轴线的分量 $^{//SW}\omega_s^t$ 并不对腕部绝对的线速度 v_w^a 产生影响，而是用来控制人臂三角形平面的方向的，即用来控制拟人臂跟踪所规划的自运动旋转角度曲线的。也就是说，腕部的路径是由肘关节角速度 ω_e^r 以及肩关节角速度的分量 $^{\perp SW}\omega_s^t$ 来控制的，而自运动旋转角度曲线则是由肩关节角速度的另一分量 $^{//SW}\omega_s^t$ 来控制的。

根据式(6.7)，腕部在任何时刻的绝对线速度 $v_w^a(t)$ 可以很容易求得。人臂三角形参数 α 可以通过式(6.10)求得

$$\alpha = \arccos \frac{l_u^2 + l_1^2 - \|SW\|^2}{2l_u l_1} \tag{6.10}$$

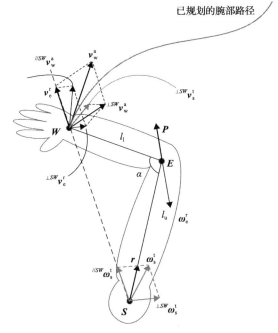

图 6.5　拟人臂运动分析示意图

拟人臂所在的半平面的单位方向法向量 P 可以计算得到(注意与人臂三角形参数 l 方向相反)：

$$P = \frac{SE \times SW}{\|SE \times SW\|} \tag{6.11}$$

根据以上分析，肘关节的角速度矢量以及肩关节垂直于"肩-腕"轴线的分量可以通过以上算法求解得到：

$$EW_{\mathrm{u}} = \left(r, P \times r, P\right) R\left(z, (180 - \alpha)\right) (1, 0, 0)^{\mathrm{T}}$$

$$EW = l_1 EW_{\mathrm{u}}$$

$$SE = l_{\mathrm{u}} r$$

$$SW = SE + EW$$

$$SW_{\mathrm{u}} = SW / \|SW\|$$

$$^{//SW} v_{\mathrm{w}}^{\mathrm{a}} = \left(v_{\mathrm{w}}^{\mathrm{a}} \cdot SW_{\mathrm{u}}\right) SW_{\mathrm{u}}$$

$$^{\perp SW} v_{\mathrm{w}}^{\mathrm{a}} = v_{\mathrm{w}}^{\mathrm{a}} - {}^{//SW} v_{\mathrm{w}}^{\mathrm{a}}$$

$$v_e^r = \frac{\left\| {}^{//SW}v_w^a \right\|}{\left(P \times EW_u\right) \cdot SW_u}\left(P \times EW_u\right)$$

$$\omega_e^r = \left(EW_u \times v_e^r\right)/l_1 \tag{6.12}$$

$${}^{\perp SW}v_s^t = {}^{\perp SW}v_w^a - \left(v_e^r - {}^{//SW}v_w^a\right)$$

$${}^{\perp SW}\omega_s^t = \left(SW_u \times {}^{\perp SW}v_s^t\right)/\|SW\| \tag{6.13}$$

其中，$\left(r, P \times r, P\right)$ 是一个由三个三维列向量构成的方阵；$R\left(z, (180-\alpha)\right)$ 为绕 z 轴旋转 $180° - \alpha$ 的旋转矩阵；$(1,0,0)^T$ 表示行矢量 $(1,0,0)$ 的转置。

为了得到肩关节的角速度矢量 ω_s^t，必须也计算出另一分量 ${}^{//SW}\omega_s^t$ 的值。如前所述，该分量的选择取决于规划的拟人臂自运动旋转角度曲线，即拟人臂三角形平面方向的变化。在接下来的部分，将首先研究影响该平面方向的因素。显然，肘关节的运动对该平面的改变没有任何贡献。因此，下一个问题是肩关节垂直于"肩-腕"轴线的分量 ${}^{\perp SW}\omega_s^t$ 是否会对该平面的变化产生影响。

如图 6.6 所示（由图 6.5 得到），拟人臂所位于的半平面可以由矢量 ${}^{\perp SW}v_e^r$ 和 SW 来确定，其单位方向法矢量为 P_1。由矢量 v_w^a 和 SW 确定的参考半平面 P_3 也可以由矢量 ${}^{\perp SW}v_w^a$ 和 SW 来确定。容易证明，矢量 ${}^{\perp SW}\omega_s^t$ 位于平面 P_1 内且垂直于由矢量 ${}^{\perp SW}v_s^t$ 和 SW 确定的平面 P_4。

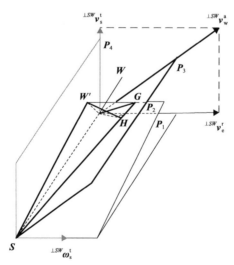

图 6.6　${}^{//SW}\omega_s^t$ 对拟人臂平面方向影响示意图

假设拟人臂所在的半平面绕着矢量轴 $^{\perp SW}\boldsymbol{\omega}_s^t$ 经过一个微小的时间 Δt 从平面 $\boldsymbol{P}_1$ 到平面 $\boldsymbol{P}_2$ 转过角度 $\angle W'SW$。由于 $\angle W'SW$ 十分微小，SW 可以被认为是垂直于 WW'，即 $SW \perp WW'$ 且 GW' 是平面 $\boldsymbol{P}_4$ 的垂线，则有 $GW' \perp SW$，于是可以推导得到 $SW \perp GW$，加上 $SW \perp WI$，$\angle W'GW = \angle GWI$ 可以看成平面 $\boldsymbol{P}_1$ 和平面 $\boldsymbol{P}_3$ 的夹角。另外，由于 $WW' \perp SW'$ 和 $WW' \perp W'G$，可以得到几何关系 $WW' \perp SG$。过点 $\boldsymbol{W}$ 作线段 SG 的垂线段交于点 $\boldsymbol{H}$，然后连接点 $\boldsymbol{W}'$ 和 $\boldsymbol{H}$。因此，角 $\angle W'HW$ 可以认为是平面 $\boldsymbol{P}_2$ 和平面 $\boldsymbol{P}_3$ 的夹角。基于以上分析，可以得到

$$\frac{\sin\angle W'GW}{\sin\angle W'HW} = \left(\frac{W'W}{W'G}\right)\bigg/\left(\frac{W'W}{W'H}\right) = \frac{W'H}{W'G} = \cos\angle HW'G = \cos\angle W'SG \tag{6.14}$$

显然，随着 $\Delta t \to 0$，则 $\angle W'SW \to 0$ 且 $\angle W'SG \to 0$，因此有

$$\lim_{\Delta t \to 0} \frac{\sin\angle W'GW}{\sin\angle W'HW} = \lim_{\Delta t \to 0} \cos\angle W'SG = 1 \tag{6.15}$$

式 (6.15) 表明拟人臂所在的半平面与参考平面之间的夹角在一个微小的时间里将保持不变。这个结论证明了肩关节角速度分量 $^{\perp SW}\boldsymbol{\omega}_s^t$ 对拟人臂平面方向不产生影响。因此，只有肩关节的另一角速度分量 $^{//SW}\boldsymbol{\omega}_s^t$ 可以被用来控制拟人臂平面。另外值得注意的是，用来度量拟人臂平面的参考半平面是随着腕部路径点的改变而改变的。因此，在考虑该参考半平面绕"肩-腕"轴线 $\boldsymbol{SW}$ 的自运动旋转角速度矢量 $\boldsymbol{\omega}_r$ 之后，可以得到如下关系：

$$\boldsymbol{\omega}_{\text{rel}} = {}^{//SW}\boldsymbol{\omega}_s^t - \boldsymbol{\omega}_r \tag{6.16}$$

其中，$\boldsymbol{\omega}_{\text{rel}}$ 为拟人臂平面绕轴线 $\boldsymbol{SW}$ 相对于参考平面的相对角速度矢量。定义 ω_{rel}、$^{//SW}\omega_s^t$ 和 ω_r 为沿着矢量方向 $\boldsymbol{SW}$ 相关角速度矢量的带符号的幅值，因此以下等式仍然成立：

$$\omega_{\text{rel}} = {}^{//SW}\omega_s^t - \omega_r \tag{6.17}$$

ω_{rel} 可以通过在规划调整后的自运动旋转角度曲线计算得到：

$$\omega_{\text{rel}} = \beta_r'(t) \tag{6.18}$$

接下来，将介绍计算参考平面自运动角速度 ω_r 的方法用来最终确定角速度 $^{//SW}\omega_s^t$。如图 6.7 所示，在经过一个微小的时间 dt 之后，由矢量 $\boldsymbol{SW}$ 和 $\boldsymbol{v}_w^a$ 确定的参考平面 $\boldsymbol{P}_5$ 将变换为由矢量 $\boldsymbol{SW'}$ 和 $\boldsymbol{v}_w^{a'}$ 确定的参考平面 $\boldsymbol{P}_6$。其中 $\boldsymbol{v}_w^{a'} = \boldsymbol{v}_w^a + \boldsymbol{a}_w^a dt$。矢量 $\boldsymbol{a}_w^a$ 代表腕部的瞬时线加速度。由于矢量 $\boldsymbol{WW'}$ 的长度大大地短于矢量 $\boldsymbol{SW}$，矢量 $\boldsymbol{SW'}$ 可以近似地认为与矢量 $\boldsymbol{SW}$ 重合。作线段 KJ 垂直于 $\boldsymbol{SW}$ 并过点 K（矢量 $\boldsymbol{v}_w^a$ 的头部）作 $\boldsymbol{P}_5$ 的垂线交 $\boldsymbol{P}_6$ 于点 L，连接点 J 和 L。因此 $d\varphi = \angle KJL$ 就是参考平面自运动旋转的角度。平面 $\boldsymbol{P}_5$ 的单位法向量 $\boldsymbol{i}$ 指示平面正自运动旋转的方向。定义 KL 为矢量 $\boldsymbol{KL}$ 沿方向 $\boldsymbol{i}$ 度量的带符号的幅值。由于 $d\varphi$ 是十分微小的，它可以通过下式计算得到：

$$d\varphi = \frac{KL}{\|\boldsymbol{KJ}\|} = \frac{KL}{\| \boldsymbol{v}_w^a \| \sin\left(\arccos\left(\frac{\boldsymbol{v}_w^a}{\| \boldsymbol{v}_w^a \|} \cdot \frac{\boldsymbol{SW}}{\|\boldsymbol{SW}\|}\right)\right)} \tag{6.19}$$

过点 Q（矢量 $\boldsymbol{v}_w^{a'}$ 的头部）作 $\boldsymbol{P}_5$ 的垂线并交 $\boldsymbol{P}_5$ 于点 M，过点 L 作 KM 的平行线交 MQ 于点 N。KL 和 MQ 的长度差为

$$\|\boldsymbol{MQ}\| - \|\boldsymbol{KL}\| = \tan(d\phi)\|\boldsymbol{LN}\| \tag{6.20}$$

随着 $dt \to 0$，有 $d\phi \to 0$ 且 $(\|\boldsymbol{MQ}\| - \|\boldsymbol{KL}\|) \to 0$。因此，式 (6.19) 可以改为

$$d\varphi = \frac{(\boldsymbol{a}_w^a dt) \cdot \boldsymbol{i}}{\|\boldsymbol{v}_w^a\| \sin\left(\arccos\left(\frac{\boldsymbol{v}_w^a}{\|\boldsymbol{v}_w^a\|} \cdot \frac{\boldsymbol{SW}}{\|\boldsymbol{SW}\|}\right)\right)} = \frac{\left[\boldsymbol{a}_w^a \cdot \left(\frac{\boldsymbol{SW} \times \boldsymbol{v}_w^a}{\|\boldsymbol{SW} \times \boldsymbol{v}_w^a\|}\right)\right] dt}{\|\boldsymbol{v}_w^a\| \sin\left(\arccos\left(\frac{\boldsymbol{v}_w^a}{\|\boldsymbol{v}_w^a\|} \cdot \frac{\boldsymbol{SW}}{\|\boldsymbol{SW}\|}\right)\right)} \tag{6.21}$$

进而可以得到

$$\omega_r = \frac{d\varphi}{dt} = \frac{\boldsymbol{a}_w^a \cdot \left(\frac{\boldsymbol{SW} \times \boldsymbol{v}_w^a}{\|\boldsymbol{SW} \times \boldsymbol{v}_w^a\|}\right)}{\|\boldsymbol{v}_w^a\| \sin\left(\arccos\left(\frac{\boldsymbol{v}_w^a}{\|\boldsymbol{v}_w^a\|} \cdot \frac{\boldsymbol{SW}}{\|\boldsymbol{SW}\|}\right)\right)} \tag{6.22}$$

结合式(6.17)、式(6.18)和式(6.22)，可以得到 $^{//SW}\omega_{\mathrm{s}}^{\mathrm{t}}$ 及 $^{//SW}\boldsymbol{\omega}_{\mathrm{s}}^{\mathrm{t}}$ 为

$$^{//SW}\omega_{\mathrm{s}}^{\mathrm{t}} = \omega_{\mathrm{rel}} + \omega_r \tag{6.23}$$

$$^{//SW}\boldsymbol{\omega}_{\mathrm{s}}^{\mathrm{t}} = {}^{//SW}\omega_{\mathrm{s}}^{\mathrm{t}}\boldsymbol{SW}/\|\boldsymbol{SW}\| \tag{6.24}$$

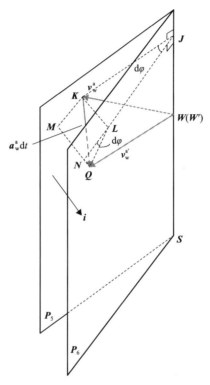

图 6.7　求解参考平面自运动旋转角速度示意图

根据式(6.12)、式(6.13)、式(6.23)和式(6.24)，拟人臂肩关节和肘关节的角速度矢量 $\boldsymbol{\omega}_{\mathrm{s}}^{\mathrm{t}}$ 和 $\boldsymbol{\omega}_{\mathrm{e}}^{\mathrm{r}}$ 可以唯一确定。值得注意的是，由于采用了运动语言接口的相同思路，通过将共同的生理关节角速度转换为不同拟人臂的机械关节对应的具体关节轨迹可以很好地赋予该避障规划方法良好的通用性。由于采用的是虚拟臂的运动语言规划结果生成的再规划的自运动旋转角度曲线，接下来要将得到的生理关节角速度转换为该虚拟臂的关节轨迹。这部分内容在之前章节已做过相关介绍，在这里为了保证算法的完整性，仅做简单的说明。采用 D-H 坐标后置法所建立的不包含腕部的虚拟臂运动学模型如图 6.8 所示。

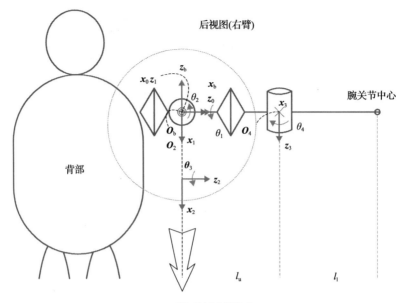

(a) 虚拟臂运动学模型

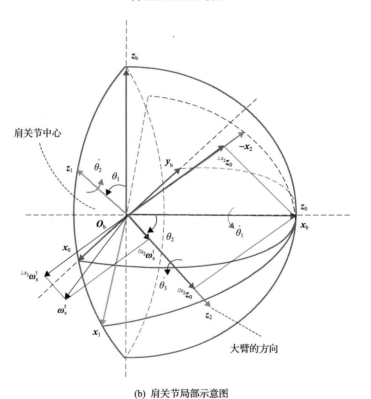

(b) 肩关节局部示意图

图 6.8　虚拟臂运动学模型和肩关节局部示意图

具体的算法如下：

$$z_0 = (1,0,0)^T, \quad z_1 = (0,-\sin\theta_1,\cos\theta_1)^T, \quad z_2 = (\cos\theta_2,\cos\theta_1\sin\theta_2,\sin\theta_1\sin\theta_2)^T$$

$$^{//z_2}z_0 = (z_0 \cdot z_2)z_2, \quad ^{\perp z_2}z_0 = z_0 - ^{//z_2}z_0, \quad ^{\perp z_2}z_{0u} = ^{\perp z_2}z_0 / \left\| ^{\perp z_2}z_0 \right\|$$

$$^{//z_2}\boldsymbol{\omega}_s^t = (\boldsymbol{\omega}_s^t \cdot z_2)z_2, \quad ^{\perp z_2}\boldsymbol{\omega}_s^t = \boldsymbol{\omega}_s^t - ^{//z_2}\boldsymbol{\omega}_s^t$$

$$\dot{\theta}_1 = \left(^{\perp z_2}\boldsymbol{\omega}_s^t \cdot {}^{\perp z_2}z_{0u} \right) / \left\| ^{\perp z_2}z_0 \right\| \tag{6.25}$$

$$\dot{\theta}_2 = {}^{\perp z_2}\boldsymbol{\omega}_s^t \cdot z_1 \tag{6.26}$$

$$\dot{\theta}_3 = \left(\boldsymbol{\omega}_s^t \cdot z_2 \right) - \left(\dot{\theta}_1 z_0 \cdot z_2 \right) \tag{6.27}$$

$$\begin{cases} \dot{\theta}_4 = -\left\| \boldsymbol{\omega}_e^r \right\|, \quad \boldsymbol{\omega}_e^r \cdot \boldsymbol{P} \geqslant 0 \\ \dot{\theta}_4 = \left\| \boldsymbol{\omega}_e^r \right\|, \quad \boldsymbol{\omega}_e^r \cdot \boldsymbol{P} < 0 \end{cases} \tag{6.28}$$

其中，x_w 表示腕关节中心所在的路径点矢量，即前文所述的 SW；P 代表虚拟臂所在的半平面的单位方向法向量，即

$$\boldsymbol{P} = (z_2 \times x_w) / \left\| z_2 \times x_w \right\|$$

于是，虚拟臂的机械关节角速度可以通过式(6.25)～式(6.28)求解得到，它们一起构成了关于该虚拟臂关节角速度的一个微分方程组。在已知图 6.4 中 KP_1 处的各个关节角的初始值的情况下，通过使用龙格-库塔方法求解以上微分方程组，就可以得到图 6.4 中修改后的 KP_1 至 KP_5 自运动旋转曲线所对应的拟人臂关节轨迹。用该关节轨迹替换原始规划的关节轨迹就可以实现拟人臂的安全避障。

6.5　仿　真　实　验

虚拟臂及环境中的障碍物示意图如图 6.9 所示。虚拟臂的大臂和小臂分别为 72.7mm 和 68.0mm。假设具体操作是虚拟臂的右臂从起始的 S 点 $(0, 60, 0)$ mm 经过 5s 移动到目标 G 点 $(70, 100, 30)$ mm，假设用本书方法规划的路径可能会与障碍物发生碰撞，表达该路径的三次样条函数为

$$\begin{cases} x(t) = 0.13t^3 + 14.4t^2 - 9.81 \\ y(t) = 31.53t^3 - 74.02t^2 + 60.01, \quad t \leqslant 1.64\text{s} \\ z(t) = -3.79t^3 + 22.08t^2 - 8.51 \end{cases}$$

$$\begin{cases} x(t) = -1.38t^3 + 11.85t^2 - 11.67t + 6.23 \\ y(t) = 7.59t^3 - 56.17t^2 + 128.84t - 10.28 \ , \qquad 1.64\text{s} < t \leqslant 3.28\text{s} \\ z(t) = 0.45t^3 - 7.24t^2 + 34.03t - 18.54 \end{cases}$$

$$\begin{cases} x(t) = -1.75t^3 + 15.67t^2 - 24.8t + 20.68 \\ y(t) = -7.87t^3 + 95.58t^2 - 370.71t + 537.20 \ , \qquad 3.28\text{s} < t \leqslant 5\text{s} \\ z(t) = 0.95t^3 - 12.02t^2 + 49.36t - 35.02 \end{cases}$$

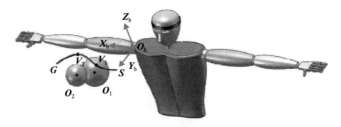

图 6.9　虚拟臂及操作环境中的障碍物示意图

虚拟臂的环境中有两个障碍物球，球心位置分别为 $(33, 63, 0)$ mm 和 $(45, 95, 10)$ mm，半径分别为 20mm 和 15mm。根据障碍物信息以及拟人臂腕部的路径曲线，按照 6.2 节中介绍的方法建立一个二维的全局拟人臂避障地图，如图 6.10 所示。

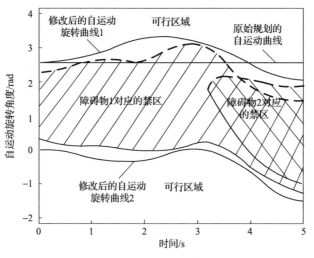

图 6.10　虚拟臂对应的避障地图

图 6.10 中原始规划的自运动曲线，它是一条过地图上点 $(0, 2.5)$ 的一条水平线。由于其穿过了障碍物 1 对应的禁区，对其进行调整，将其修改为通过关键点 $(0, 2.5)$、$(1.5, 3)$、$(2.5, 3.3)$、$(5, 2)$ 的三次样条曲线，即图中的自运动旋转曲线

1。根据 6.3 节和 6.4 节介绍的方法，可以求解得到修改后的虚拟臂关节轨迹。求解的拟人臂运动结果如图 6.11 所示。

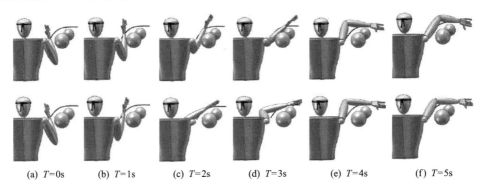

(a) T=0s　(b) T=1s　(c) T=2s　(d) T=3s　(e) T=4s　(f) T=5s

图 6.11　原始虚拟臂运动和修改后的避障运动对比图

图 6.11 中，第一行是原始运动语言规划结果。由图可以看出，在 1～3s 的过程中，拟人臂与较大的障碍物球 1 发生了干涉，这与图 6.10 中所表示的情况是一致的。而第二行代表修改后的虚拟臂运动结果，可以发现虚拟臂很好地躲避了环境中所有的障碍物。不仅如此，还可以给拟人臂设计其他避障自运动旋转曲线，如图 6.10 中修改后的自运动曲线 2，它所对应的拟人臂运动结果如图 6.12 所示。

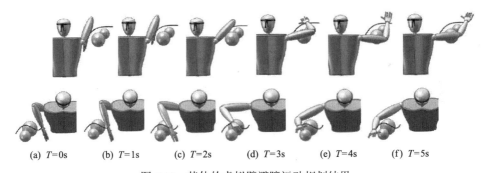

(a) T=0s　(b) T=1s　(c) T=2s　(d) T=3s　(e) T=4s　(f) T=5s

图 6.12　其他的虚拟臂避障运动规划结果

图 6.12 中，两行均代表修改后的自运动旋转曲线 2，只不过是从两个不同视角来进行观察，以显示位于障碍物发生干涉。由图可以看出，虚拟臂将右臂抬高来进行避障更符合人臂在对这个障碍物进行躲避时的习惯。图 6.10 中，纵轴表示的是拟人臂所在的半平面绕"肩-腕"有向轴线的自运动，将曲线的纵轴的取值降低就意味着将大臂抬高。因此，利用高度直观的避障地图就能够非常方便地对拟人臂的避障运动进行拟人化的再次规划，由此体现出本书提出的拟人臂避障方法的灵活性。

6.6　本　章　小　结

不同于传统的机械臂避障方法将主要的精力放在末端执行器上，本章提出的拟人臂专用避障方法根据拟人臂共同的结构特征可以实现对其整体位形的避障。具体来说，就是在用运动语言完成拟人臂运动规划的基础上，根据已经确定的腕部路径，结合已知的障碍物信息建立相应的由时间和拟人臂自运动转角来进行参数化的二维全局避障地图，然后在避障地图上将已规划的关节轨迹转化为对应的自运动旋转角度曲线，从而对规划的结果进行避障检测。若自运动曲线穿越避障地图中的禁区，则可以非常直观地在地图上定义若干关键点并利用三次样条曲线插值对已规划的自运动曲线进行再规划调整，使其完全位于可行区域内。利用相应的算法将该调整后的自运动旋转角度曲线转化为对应的关节轨迹以替代原始的规划结果。值得注意的是，避障地图的构建与自运动曲线的再规划并未涉及具体的拟人臂机械关节配置，而是通过将腕部瞬时速度和拟人臂自运动旋转速度转化为各个生理关节角速度进而再转换为具体拟人臂机械关节角速度的方式，这使得提出的拟人臂避障方法适用于不同关节配置的拟人臂，因此具有较好的通用性。

参 考 文 献

[1] Kavraki L, Svestka P, Latombe J C, et al. Probabilistic roadmaps for path planning in high-dimensional configuration spaces[J]. IEEE Transactions on Robotics and Automation, 1996, 12(4): 566-580.

[2] Lavalle S M, Kuffner J J. Rapidly-Exploring Random Trees: Progress and Prospects[M]. Wellesley: WAFR, 2000.

[3] Khatib O. Real-time obstacle avoidance for manipulators and mobile robots[J]. The International Journal of Robotics Research, 1986, 5(1): 90-98.

[4] Rimon E, Koditschek D E. Exact robot navigation using artificial potential functions[J]. IEEE Transactions on Robotics and Automation, 1992, 8(5): 501-518.

[5] Barraquand J, Latombe J. Robot motion planning: A distributed representation approach[J]. The International Journal of Robotics Research, 1991, 10(6): 628-649.

[6] Jia Q, Zhang Q, Gao X, et al. Dynamic obstacle avoidance algorithm for redundant robots with pre-selected minimum distance index[J]. Robot, 2013, 35(1): 17.

[7] Ikeda K, Tanaka H, Zhang T, et al. On-line optimization of avoidance ability for redundant manipulator[C]. IEEE/RSJ International Conference on Intelligent Robots and Systems, Beijing, 2006: 592-597.

[8] Hou Y, Yanou A, Minami M, et al. Analysis for configuration prediction of redundant manipulators based on AMSIP distribution[C]. International Conference on Advanced Intelligent Mechatronics, Kaohsiung, 2012: 292-299.

[9] Jing F C Z. New dynamic obstacle avoidance algorithm with hybrid index based on gradient projection method[J]. Journal of Mechanical Engineering, 2010, 19: 6.

[10] Fang C, Ding X. A global obstacle-avoidance map for anthropomorphic arms[J]. International Journal of Advanced Robotic Systems, 2014, 11(7): 117.

[11] Ericson C. Real-time collision detection[M]. Boca Raton: CRC Press, 2005.

[12] 颜庆津. 数值分析[M]. 4 版. 北京: 北京航空航天大学出版社, 2012.

第 7 章　基于肌肉疲劳指标的拟人化运动优化

7.1　引　　言

前面章节通过引入动作基元，可以保证机械臂在一个平面内运动，符合人类的动作习惯。这在宏观上保证了运动的特点，但在微观上还需要确定每个动作基元的运动规律，从而使得运动过程也满足人类手臂的运动特征。为此，需要设计合理的目标函数，对机械臂的运动进行优化。

为了优化运动，首先需要对每个动作基元进行参数化表达，得到调整运动曲线形状的优化变量。例如，可以采用多项式来表达动作基元和多项式的轨迹[1]。但是，要表达复杂的曲线，则需要采用高阶多项式，而高阶多项式容易出现过拟合、边界振荡等问题。Martin 等[2]采用 B 样条曲线作为基函数，将关节轨迹表示为基函数的组合。B 样条通过调整控制点来控制拟合的曲线的形状，不能直观地表达人类运动的特点。Ijspeert 等[3]利用动态运动基元(DMP)为基函数表达关节的轨迹。通过调整 DMP 的形状参数，DMP 的形状可以均衡分布，因而每个基函数对关节运动的贡献基本相当。虽然这种方法可以将运动时间加入目标函数中从而保证在规定时间内到达目标位置，但是它无法显式地控制运动时间。

运动拟人性评价指标包含两个方面。一方面为指标的表达空间，这对所产生的运动是否具有生理学意义有着至关重要的影响。在机器人学中，常常在机械臂的关节空间或操作空间中定义目标函数，如避关节极限、避障等。但是与机械臂紧密相关的关节空间或操作空间无法和人类手臂的生理特征对应起来，通常不能保证运动的拟人性。引入动作基元后，动作基元与人类手臂的肌肉群对应了起来，从而能够很好地描述运动拟人性。另一方面为具体的模型，可以在运动学或动力学层面上进行表征。在运动学层面表征一般通过速度或加速度表示，主要考虑运动的光滑性，计算量较小；在动力学层面表征则通过关节力矩表示，需要计算关节力矩，计算量较大。

Gielen 等[4]总结了在生理学中常见的评价指标模型：最小振荡模型[5]、最小做功模型[6]和最小关节力矩变化模型[7]。其中，最小振荡模型通过末端的加加速度的平方和来表示运动的突变情况；最小做功模型考虑关节做功，通过关节的功率对运动时间的积分得到，需要计算关节力矩；最小关节力矩变化模型与力矩随时间的导数有关，同样需要计算关节力矩。这些模型单独地考虑关节的输出力，计算的是绝对值，忽略了关节的最大输出力，即没有考虑人体体格对运动的影响。举例来说，对于肩关节受到训练而变得特别发达的人，其运动特征可能与一般人不同。Zacharias 等[8]采用的人体工程学中的"快速上肢评估"（rapid upper limb assessment，RULA）是一个静态的评估，通常用于评价人上肢长时间处于某一构形时的舒适程度。但是手臂的运动过程是一个连续的过程，考虑更多的是整个运动过程中的舒适度。

　　本章在运动基元的基础上进一步研究点到点运动规划时的运动拟人性评价指标，采用 Bernstein 基函数来表达连续动作基元的关节速度，根据肌肉的作用力与可持续时间的关系提出了衡量运动拟人性的肌肉疲劳指标，采用强化学习方法对连续动作基元的运动进行优化，对手臂摆动、拾取动作和击打动作等三种情形进行了讨论；采集了人类手臂在摆动时的运动数据，将优化后的连续动作基元的轨迹与人类手臂各关节的运动轨迹进行比较，验证了所提指标和方法的有效性。

7.2　运动的表达

　　如之前章节所述，4 自由度机械臂的运动可以由 3 个动作基元完成：Δ-S2，过肩关节中心的定轴转动；Δ-S1，绕大臂中轴线的转动；Δ-E1，绕肘关节的转动。如图 7.1 所示，基坐标系 **S-XYZ** 位于肩关节中心，**X** 轴指向前方，**Z** 轴竖直向上；**S** 表示肩关节轴心；$\boldsymbol{E}_i$ 和 $\boldsymbol{E}_f$ 分别表示肘关节中心的初始位置和终止位置；$\boldsymbol{W}_i$ 和 $\boldsymbol{W}_f$ 分别表示腕关节中心的起始位置和终止位置；$\boldsymbol{\omega}_{S2}$、$\boldsymbol{\omega}_{S1}$ 和 $\boldsymbol{\omega}_{E1}$ 分别表示 Δ-S2、Δ-S1 和 Δ-E1 的转轴；θ_{S2} 表示 Δ-S2 的转角；β_i 和 β_f 分别表示为肘关节在起始和终止时的夹角。

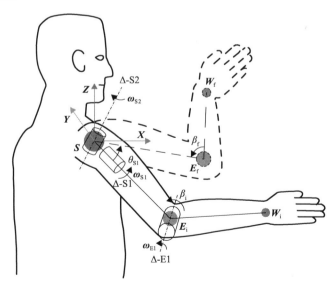

图 7.1　肩-肘系统的动作基元

这样，4 自由度机械臂变成了 3 自由度，这个新的机械臂的参数是根据具体任务而变化的，并且这 3 个新的自由度与人体肌肉群关联了起来。因此，关节力矩对应肌肉受力大小。为了优化机械臂的运动，需要参数化每个关节的运动。这里采用 Bernstein 多项式作为基函数来表达每个动作基元的角度。

n 阶 Bernstein 多项式基函数定义为

$$b_{i,n}(t) = \binom{n}{i} t^i (1-t)^{n-i}, \quad i = 0, \cdots, n \tag{7.1}$$

式中，$t \in [0,1]$。考虑动作基元的目标位置 θ_g 和实际运动时间 T，基函数变为

$$B_{i,n}(t) = (n+1) \frac{\theta_g}{T} \binom{n}{i} \left(\frac{t}{T}\right)^i \left(1 - \frac{t}{T}\right)^{n-i}, \quad i = 0, \cdots, n \tag{7.2}$$

式中，$t \in [0,T]$。对式(7.2)在[0, T]上进行积分可以得到转动的关节角为 θ_g，即按照每个式(7.2)的基函数运动，动作基元都能到达目标位置。因此，动作基元的速度可以表示为

$$\dot{\theta}(t) = \sum_{i=0}^{n} \alpha_i B_{i,n}(t), \quad \sum_{i=0}^{n} \alpha_i = 1 \tag{7.3}$$

其中，α_i 为每个基函数的系数，决定了速度曲线的形状。

图 7.2 展示了 10 阶 Bernstein 基函数的曲线。用 Bernstein 基函数表达动作基元的曲线具有以下优点[9]：

(1)单峰。$b_{i,n}(t)$ 在 $t = i/n$ 达到最大值，并且均匀分布在[0, 1]上。这与人类动作的单峰、钟形曲线[5,10]是相似的。

(2)对称。基函数 $b_{i,n}(t)$ 和 $b_{n-i,n}$ 关于 $t = 1/2$ 互为对称，并且最高点均匀分布在[0, 1]上，从而能较平衡地调整速度曲线的形状。

(3)定值积分。每个基函数 $b_{i,n}(t)$ 在[0, 1]上的均匀积分为 $1/(n+1)$。因此，只需保证系数 α_i 的和为 1，即可保证每个动作基元到达目标位置。

(4)边界约束。可以指定初始和终止时的速度，即可指定 $\dot{\theta}(0) = c_0$，$\dot{\theta}(T) = c_n$，其中，c_0 和 c_n 为边界约束，因此 Bernstein 基函数具有连接多条运动段的潜力。

动作基元的位置和加速度曲线可以轻易地通过积分和微分得到，即

$$\theta(t) = \sum_{i=0}^{n} \alpha_i \int_0^t B_{i,n}(t) \tag{7.4}$$

$$\ddot{\theta}(t) = \sum_{i=0}^{n} \alpha_i \dot{B}_{i,n}(t) \tag{7.5}$$

其中，末端的起始位置和终止位置分别由 α_0 和 α_n。本章仅讨论初始速度为零的情况，即有 $\alpha_{S2,0} = \alpha_{S1,0} = \alpha_{E1,0} = 0$。基函数的曲线可以分为末端速度为零和非零两种类型。

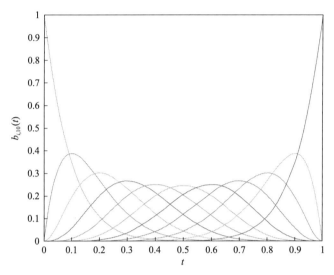

图 7.2　10 阶 Bernstein 基函数的曲线

当末端速度为零时，容易得到

$$\alpha_{S1,n} = \alpha_{S2,n} = \alpha_{E1,n} = 0 \tag{7.6}$$

当末端速度不为零时，如击打一个球，有时需要精确地控制击打力度(击打时的速度)和击打方向，从而控制球到达期望落点，因此假设末端速度作为任务需求，在任务规划前给出。

在新的机械臂上，动作基元的速度 $\dot{\boldsymbol{\theta}}_{MP}$ 和末端速度 $\boldsymbol{v}_W$ 之间的关系为

$$\boldsymbol{v}_W = \boldsymbol{J}\dot{\boldsymbol{\theta}}_{MP} \tag{7.7}$$

式中，$\boldsymbol{J}$ 为雅可比矩阵。由于动作基元的参数由具体的任务需求确定，$\boldsymbol{J}$ 与初始构形和终止构形均相关。这里假设 $\boldsymbol{J}$ 是可导的，即初始构形处于合适位置，能保证任务的顺利进行。这对于人类是合理的，因为运动员在击打时一般会有一个准备动作，从而保证能完成任务并实现有效的击打动作。

给定末端速度要求后，可以求出每个连续动作基元的终止速度。

$$\dot{\boldsymbol{\theta}}_{MP} = \boldsymbol{J}^{-1}\boldsymbol{v}_W \tag{7.8}$$

$\dot{\boldsymbol{\theta}}_{MP}$ 由系数 $\alpha_{S2,n}$、$\alpha_{S1,n}$ 和 $\alpha_{E1,n}$ 决定，从而有

$$\begin{bmatrix} \alpha_{\text{S2},n} \\ \alpha_{\text{S1},n} \\ \alpha_{\text{E1},n} \end{bmatrix} = \begin{bmatrix} \dfrac{T}{(n+1)\theta_{\text{S2}}} & 0 & 0 \\ 0 & \dfrac{T}{(n+1)\theta_{\text{S1}}} & 0 \\ 0 & 0 & \dfrac{T}{(n+1)\theta_{\text{E1}}} \end{bmatrix} \dot{\boldsymbol{\theta}}_{\text{MP}} \tag{7.9}$$

7.3　肌肉疲劳评价指标和运动优化

通常所用的评价指标，如最小振荡、最小做功和最小力矩变化等，只考虑了绝对值，而没有考虑系统的输出能力。对应到人体上，只考虑完成任务所需要的力，而没有考虑人的体格对运动的影响。这些指标应用在机器人中，更是表达在机械关节上，没有生理结构的依托，因此获得拟人化运动变成了"缘木求鱼"。本节将人体肌肉模型纳入运动评价，使用与拟人机械臂尺寸相当的人体的动力学参数，从而使产生的运动更符合人类的认知。

7.3.1　肌肉疲劳指标

肌肉疲劳与关节力矩有关，因此需要计算机械臂的动力学行为。根据动作基元的参数，可以得到新的机械臂的动力学方程，即

$$\boldsymbol{M}(\boldsymbol{\theta}_{\text{MP}})\ddot{\boldsymbol{\theta}}_{\text{MP}} + \boldsymbol{C}(\boldsymbol{\theta}_{\text{MP}},\dot{\boldsymbol{\theta}}_{\text{MP}})\dot{\boldsymbol{\theta}}_{\text{MP}} + \boldsymbol{N}(\boldsymbol{\theta}_{\text{MP}}) = \boldsymbol{\tau} \tag{7.10}$$

式中，$\boldsymbol{M}(\boldsymbol{\theta}_{\text{MP}})$ 为广义质量；$\boldsymbol{C}(\boldsymbol{\theta}_{\text{MP}},\dot{\boldsymbol{\theta}}_{\text{MP}})$ 为惯性力和科氏力项；$\boldsymbol{N}(\boldsymbol{\theta}_{\text{MP}})$ 为重力项；$\boldsymbol{\tau}$ 为动作基元的力矩，对应于肌肉群的输出力。

机械臂的尺寸可以测量得到，而它对应的人体手臂的重量可以根据统计数据得到，人体肢体的质量和惯性参数也可以根据解剖和统计数据估计出来[11]。肌肉纤维的受力和持续时间之间存在对数关系[12,13]。一般来说，随着受力的增大，肌肉的可持续时间会快速变小。因此，定义拟人臂运动的肌肉评价指标为

$$f_{\text{cost}} = \int_0^T \text{e}^{\beta_{\text{S2}}\frac{|\tau_{\text{S2}}(t)|}{\tau_{\text{S2,max}}}}\,\text{d}t + \int_0^T \text{e}^{\beta_{\text{S1}}\frac{|\tau_{\text{S1}}(t)|}{\tau_{\text{S1,max}}}}\,\text{d}t + \int_0^T \text{e}^{\beta_{\text{E1}}\frac{|\tau_{\text{E1}}(t)|}{\tau_{\text{E1,max}}}}\,\text{d}t \tag{7.11}$$

式中，β_{S2}、β_{S1} 和 β_{E1} 为疲劳指数，与肌肉的属性无关，反映了肌肉对力的承受能力；$\tau_{\text{S2}}(t)$、$\tau_{\text{S1}}(t)$ 和 $\tau_{\text{E1}}(t)$ 为运动过程的关节力；$\tau_{\text{S2,max}}$、$\tau_{\text{S1,max}}$ 和 $\tau_{\text{E1,max}}$ 为动作基元的最大力矩，可以根据生物力学中的统计数据估算得出[14]。

7.3.2　基于强化学习的运动优化

根据式(7.11)很难通过解析方法得到目标函数对各系数 α_{S2}、α_{S1} 和 α_{E1} 的梯度。为了避免计算目标函数的梯度，采用强化学习(reinforcement learning)[15-17]来优化拟人机械臂的运动。

强化学习能让机器人通过不断试错，与环境进行交互从而找到一条最优的路径。α_{S2}、α_{S1} 和 α_{E1} 决定了机器人的运动轨迹，它们实际上对控制策略进行了参数化。机器人的运动可以看成在状态空间 $\boldsymbol{x}$ 中的一条轨迹 s，从初始构形到达目标构形的轨迹有无数多条，不同的轨迹对应不同的控制策略 $\boldsymbol{\theta}=[\alpha_{S2},\alpha_{S1},\alpha_{E1}]$。强化学习的目标是找到能最小化期望回报的 $\boldsymbol{\theta}$。期望回报定义为

$$J(\boldsymbol{\theta})=\int_{S}p(s\,|\,\boldsymbol{\theta})r(s)\mathrm{d}s \tag{7.12}$$

式中，$r(s)$ 为轨迹的回报，由式(7.11)定义；$p(s\,|\,\boldsymbol{\theta})$ 为轨迹上的分布。

为了对 $\boldsymbol{\theta}$ 进行采样，让 $\boldsymbol{\theta}$ 服从正态分布，即有 $\boldsymbol{\theta}\sim\mathrm{N}(\boldsymbol{\mu},\boldsymbol{\sigma})$，则式(7.12)变为

$$J(\boldsymbol{\rho})=\int_{\Theta}\int_{S}p(s,\boldsymbol{\theta}\,|\,\boldsymbol{\rho})r(s)\mathrm{d}s\mathrm{d}\boldsymbol{\theta} \tag{7.13}$$

式中，$\boldsymbol{\rho}$ 为控制正态分布 $\mathrm{N}(\boldsymbol{\mu},\boldsymbol{\sigma})$ 的参数，即有 $\boldsymbol{\rho}=[\boldsymbol{\mu},\boldsymbol{\sigma}]$。由此，可以通过 $\boldsymbol{\rho}$ 来控制轨迹的探索和改进。直观上来讲，在优化过程中，$\boldsymbol{\rho}$ 的变化会使得正态分布的平均值 $\boldsymbol{\mu}$ 变化，并且概率分布曲线越来越陡峭，即 $\boldsymbol{\sigma}$ 越来越小。当 $\|\boldsymbol{\sigma}\|$ 降低到一定程度时，即可视为收敛。

通常采用梯度下降法对期望回报 $J(\boldsymbol{\rho})$ 进行优化，需要估计 $J(\boldsymbol{\rho})$ 对 $\boldsymbol{\rho}$ 的梯度，于是有

$$\begin{aligned}\nabla_{\boldsymbol{\rho}}J(\boldsymbol{\rho})&=\int_{\Theta}\int_{S}p(s,\boldsymbol{\theta}\,|\,\boldsymbol{\rho})\nabla_{\boldsymbol{\rho}}p(s,\boldsymbol{\theta}\,|\,\boldsymbol{\rho})r(s)\mathrm{d}s\mathrm{d}\boldsymbol{\theta}\\&\approx\frac{1}{N}\sum_{n=1}^{N}\nabla_{\boldsymbol{\rho}}\ln p(\boldsymbol{\theta}\,|\,\boldsymbol{\rho})r(h^{n})\end{aligned} \tag{7.14}$$

式(7.14)的关键在于计算 $\ln p(\boldsymbol{\theta}\,|\,\boldsymbol{\rho})$ 对 $\boldsymbol{\rho}$ 的梯度，即 $\ln p(\boldsymbol{\theta}\,|\,\boldsymbol{\rho})$。将 $\boldsymbol{\rho}$ 拆分成 $\boldsymbol{\mu}$ 和 $\boldsymbol{\sigma}$，可以分别得到 $\ln p(\boldsymbol{\theta}\,|\,\boldsymbol{\rho})$ 对它们的梯度，即有

$$\nabla_{\mu_{i}}\ln p(\boldsymbol{\theta}\,|\,\boldsymbol{\rho})=\frac{\theta_{i}-\mu_{i}}{\sigma_{i}^{2}},\quad\nabla_{\sigma_{i}}\ln p(\boldsymbol{\theta}\,|\,\boldsymbol{\rho})=\frac{(\theta_{i}-\mu_{i})^{2}-\sigma_{i}^{2}}{\sigma_{i}^{3}} \tag{7.15}$$

式中，μ_i 和 σ_i 分别为 μ 和 σ 的第 i 个元素。

因此，参数 ρ 的更新可以表示为

$$\rho_{k+1} = \begin{bmatrix} \mu_{k+1} \\ \sigma_{k+1} \end{bmatrix} = \rho_k - \alpha \nabla_\rho J(\rho) = \begin{bmatrix} \mu_k \\ \sigma_k \end{bmatrix} - \alpha \begin{bmatrix} \nabla_\mu \\ \nabla_\sigma \end{bmatrix} \tag{7.16}$$

其中，α 为学习系数，决定了学习的快慢。对于每个变量，分别设置学习系数 $\alpha_i = c(r-b)\sigma_i^2$，其中，$c$ 为常数；b 为基线，取上一次采样目标函数值的平均值。这样能在学习过程中动态调整步长的大小。于是，μ 和 σ 的调整量为

$$\nabla\mu_i = c(r-b)(\theta_i - \mu_i), \qquad \nabla\sigma_i = c(r-b)\frac{(\theta_i - \mu_i)^2 - \sigma_i^2}{\sigma_i} \tag{7.17}$$

式 (7.17) 则变为

$$\begin{bmatrix} \mu_{k+1} \\ \sigma_{k+1} \end{bmatrix} = \begin{bmatrix} \mu_k \\ \sigma_k \end{bmatrix} - \begin{bmatrix} \Delta\mu \\ \Delta\sigma \end{bmatrix} \tag{7.18}$$

策略梯度迭代算法[18,19]的流程如图 7.3 所示。算法包含策略评估和策略改进两个过程。在策略评估过程中，基于当前的 ρ 进行采样，获得 N 条轨迹，并计算每条轨迹的目标函数值，从而得到了一组数据集 $\mathcal{S} - \left\{\rho^n, J^n\right\}_{n=1,\cdots,N}$；在策略改进过程中，根据数据集 $\mathcal{S}$ 计算调整量 $\Delta\rho$，实现对 ρ 的更新。这两个过程交替进行，直到算法收敛，得到优化后的运动。算法的实施过程见如下代码。

输入：初始化参数 $\rho_{\text{init}} = \left[\mu_{\text{init}}, \sigma_{\text{init}}\right]^{\text{T}}$

输出：优化运动 θ_{MP}^*

repeat

    //Exploration.

    Sample $\theta^n \sim \text{N}(\mu, \sigma), n = 1, \cdots, N$.

    // Policy Evaluation.

    Evaluate $\boldsymbol{J}^n = f_{\text{cost}}\left(\theta_{\text{MP}}(\theta)\right), n = 1, \cdots, N$.

    Compose data set $\mathcal{S} = \left\{\rho^n, \boldsymbol{J}^n\right\}$

    // Update Policy.

    $\boldsymbol{T} = \left[t_{ij}\right], \quad t_{ij} = \left(\theta_i^j - \mu_i\right)$

    $\mathcal{S} = \left[s_{ij}\right], \quad S_{ij} = \dfrac{t_{ij}^2 - \sigma_i^2}{\sigma}$

$$r = \left[\left(r^1 - b \right), \cdots, \left(r^N - b \right) \right]^{\mathrm{T}}$$

Update $\boldsymbol{\mu} = \boldsymbol{\mu} - c\boldsymbol{Tr}$

Update $\boldsymbol{\sigma} = \boldsymbol{\sigma} - c\boldsymbol{Sr}$

Until $\|\boldsymbol{\sigma}\|_2 < \varepsilon$

Obtain $\boldsymbol{\theta}_{\mathrm{MP}}^* = \boldsymbol{\theta}_{\mathrm{MP}}(\boldsymbol{\mu})$

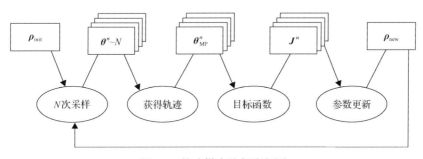

图 7.3　策略梯度迭代流程图

7.4　人体运动数据采集实验和仿真分析

为了验证所提运动表达和评价指标的可行性，首先采集人类手臂摆动的运动数据，这是一个简单但典型的动作；然后采用所提的方法对运动进行优化，并与实验进行比较。另外，对其他两种动作进行仿真分析，对应日常情况下的拾取动作和击打动作，从而验证所提方法可以用于日常动作的优化。

7.4.1　人体运动数据采集实验

手臂摆动是人在日常生活中的一个典型动作，如行进中手臂的摆动。此种情形下，手臂的运动简化为 2 个自由度，手臂假设在一个平面内运动，即运动由运动基元 Δ-S2 和 Δ-E1 完成。由于只研究手臂的运动，让躯干处于静止状态。

如图 7.4 所示，实验人员静立在地面上，从后向前摆动手臂，并循环此过程。运动数据被 Motion Analysis 运动捕获系统以 30Hz 的频率采集。根据采集到的数据，大臂和竖直轴在初始构形和终止构形下的夹角为 $\theta_{S2,back} = 43°$，$\theta_{S2,front} = 55°$。肘关节在初始构形和终止构形下的夹角为 $\theta_{E1,back} = 33°$，$\theta_{E1,front} = 63°$。平均摆动时间为 0.75s。由于人的不确定性，每次摆动的时间是不一样的，截取 5 个周期的运动，并相对于运动周期的百分比进行平均[20]，然后返回到时间轴上，如图 7.5 所示。

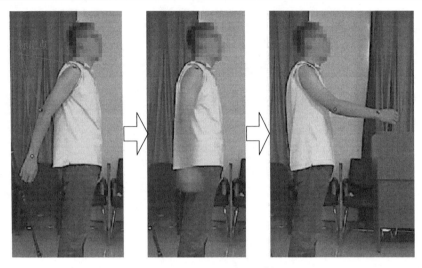

图 7.4　人体运动数据采集

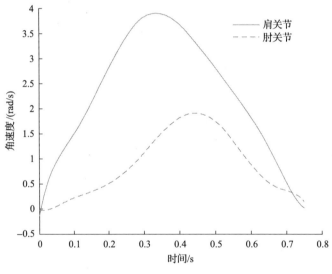

图 7.5　人体关节运动曲线

7.4.2　仿真分析

　　根据实验人员的身材，基于身高在 175cm 和体重在 70kg 的男性进行仿真。根据文献[11]中的统计数据，大臂、小臂和手掌的长度分别为 $l_{upper} = 0.33\text{m}$、$l_{fore} = 0.25\text{m}$、$l_{hand} = 0.18\text{m}$，它们的质量分别为 $m_{upper} = 1.96\text{kg}$、$m_{fore} = 1.12\text{kg}$、$m_{hand} = 0.42\text{kg}$。虽然不考虑手掌的运动，但是在动力学模型中，需要考虑手掌的影响。为了简化模型，假设大臂的质心位于大臂的重点；小臂和手掌的质心为从肘关节起始的 $(l_{fore} +$

l_{hand} / 2) / 2 处。大臂和小臂的惯性矩阵为 $\boldsymbol{I}_{upper} = \text{diag}\{0.0012, 0.0178, 0.0178\}\text{kg} \cdot \text{m}^2$，$\boldsymbol{I}_{fore+hand} = \text{diag}\{0.001, 0.0148, 0.0148\}\text{kg} \cdot \text{m}^2$。根据文献[14]，动作基元所对应的人体关节的最大力矩为 $\tau_{S2,max} = 75\text{N} \cdot \text{m}$，$\tau_{S1,max} = 45\text{N} \cdot \text{m}$，$\tau_{E1,max} = 60\text{N} \cdot \text{m}$。疲劳系数设为 $\beta_{S2} = 30$，$\beta_{S1} = 40$，$\beta_{E1} = 50$。Bernstein 基函数的阶数设为 10。

案例一：手臂摆动

因为手臂在一个平面内摆动，所以只需要两个动作基元即 Δ-S2 和 Δ-E1 来执行。手臂从身后摆向身前，如图 7.6 所示。机械臂的初始构形和终止构形根据实验数据确定。Δ-S2 和 Δ-E1 的轴线方向为 $\boldsymbol{\omega}_{S2} = \boldsymbol{\omega}_{E1} = [0, -1, 0]^T$。对应的转动角度则为 $\theta_{S2} = 98°$，$\theta_{E1} = 30°$。运动时间设为 0.75s，与实验中的平均运动时间一致。初始的速度曲线设为 $\boldsymbol{\alpha}_{S2} = \boldsymbol{\alpha}_{E1} = [0, 0, 0, 0, 0, 1, 0, 0, 0, 0, 0]^T$。

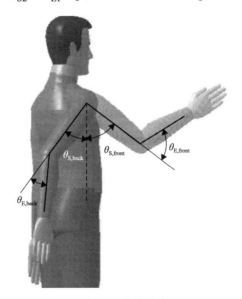

图 7.6 手臂摆动

图 7.7 显示的是在手臂摆动过程中各动作基元的速度曲线。从图中可以看出，Δ-E1 在运动开始时有一个小的波峰，这是采用基函数来表达轨迹带来的，采用高阶次的基函数可以削弱这一现象。从总体的角度上来看，动作基元的速度曲线是单峰、钟形的，符合生理学中的已有发现。Δ-S2 和 Δ-E1 的波峰依次出现，并不同时加速和减速。与实验结果进行比较，如图 7.8 所示，对应关节的波峰有一定差距，但总体上具有一定的相似性，如肘关节到达速度最大值的时刻比肩关节晚，肘关节在运动开始时的速度较小。

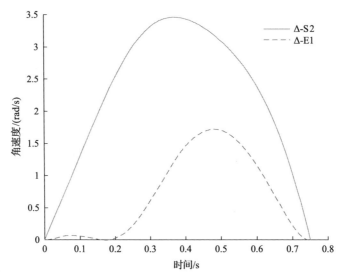

图 7.7　手臂摆动中各动作基元的速度曲线

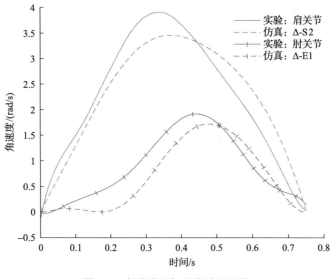

图 7.8　实验结果与仿真结果比较

案例二：拾取动作

到达目标位置适合一般的点到点运动，到达目标位置时末端速度为零，需要三个动作基元完成。假设手臂在初始时垂于身侧，如图 7.9 所示。采用腕关节中心和臂形角来定义终止时的位置：$\boldsymbol{P}_{\mathrm{W,f}} = [0.4, 0.2, -0.15]^{\mathrm{T}}$（单位为 m，下同），$\psi = 45°$。则动作基元的参数为 $\boldsymbol{\omega}_{\mathrm{S2}} = [-0.004, -1, 0]^{\mathrm{T}}$，$\boldsymbol{\omega}_{\mathrm{S1}} = [0, 0, 1]^{\mathrm{T}}$，$\boldsymbol{\omega}_{\mathrm{E1}} = [0.707, -0.707, 0]^{\mathrm{T}}$，

$\theta_{S2} = 52°$，　$\theta_{S1} = 13°$，　$\theta_{E1} = 72°$。所有初始速度曲线设为 $\boldsymbol{\alpha}_{S2} = \boldsymbol{\alpha}_{S1} = \boldsymbol{\alpha}_{E1} =$ $[0,0,0,0,0,1,0,0,0,0,0]^{\mathrm{T}}$。

图 7.9　拾取动作

图 7.10 为拾取动作中各动作基元的速度曲线。从图中可以看出，所有动作基元的速度均满足单峰、钟形速度曲线特征。它们并不同时启动、加速和减速；Δ-E1 先转动，Δ-S2 和 Δ-S1 在等待片刻后才开始运动，各个动作基元相继到达速度最高点。从日常经验来看，先运动肘关节有利于减小肩关节的负载。

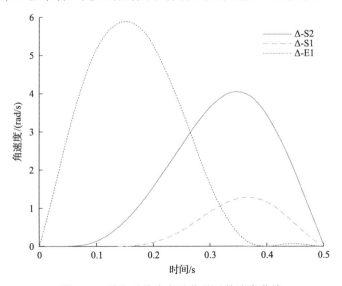

图 7.10　拾取动作中各动作基元的速度曲线

案例三：击打动作

与案例二类似，击打动作一般也需要三个动作基元完成，不同的是击打动作要求末端速度非零。假设需要精确控制极大力度和击打方向，因此末端的速度已知。如图 7.11 所示，假设手臂处于一个准备姿态：$P_i = [-0.1, 0, 0.3]^T$，$\psi = 135°$。在此初始构形下，手臂能基于动作基元实现需要的末端速度。设置终止构形为 $P_{W,f} = [0.15, 0.05, 0.55]^T$，$\psi = 90°$。期望末端速度为 3m/s，沿着 $[0.981, 0, 0.196]^T$ 方向。动作基元参数为 $\omega_{S2} = [-0.943, -0.155, 0.294]^T$，$\omega_{S1} = [-0.332, 0.409, -0.85]^T$，$\omega_{E1} = [0.544, 0.819, 0.181]^T$，$\theta_{S2} = 22°$，$\theta_{S1} = 45°$，$\theta_{E1} = 97°$。由于末端在终止时的速度不为零，所以与案例二不同，为了满足速度要求，初始速度设为

$$\boldsymbol{\alpha}_{S2} = [0, 0, 0, 0, 0.05, 0.05, 0.05, 0.1, 0.2, 0.03, 0.52]^T$$

$$\boldsymbol{\alpha}_{S1} = [0, 0, 0, 0, 0.05, 0.05, 0.05, 0.05, 0.05, 0.3, 0.45]^T$$

$$\boldsymbol{\alpha}_{E1} = [0, 0, 0, 0, 0.05, 0.05, 0.05, 0.1, 0.2, 0.24, 0.31]^T$$

图 7.11　击打动作

图 7.12 为击打动作中各连续动作基元的速度曲线。与前两个案例不同的是，由于有末端速度要求，动作基元的速度曲线并不满足单峰、钟形特征。Δ-S2 的速度单调递增，Δ-S1 和 Δ-E1 的速度曲线更加复杂。它们显示以钟形的速度曲线运动一段时间，分别在 0.14s 和 0.17s 降低到零。在这之后，它们快速地到达期望的速度。出现这种现象的原因在于，当手臂穿过冠状面后，重力由阻力变成了助力，

因此会在之后以较大的加速度到达期望速度。

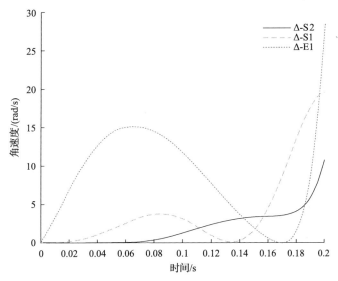

图 7.12 击打动作中动作基元的速度曲线

7.5 本 章 小 节

本章在第 2 章的基础上，继续以 4 自由度肩-肘系统为研究对象，进一步研究点到点运动的优化问题。根据动作基元与人类手臂肌肉群的关联，提出了基于肌肉疲劳的运动评价指标，增强了运动优化的生理依据和基础；考虑生理关节的最大输出力矩，采用相对量来描述运动的拟人性，将人体的体格参数纳入运动生成中，从而产生与机器人尺寸相当的人类手臂的运动，使其具有多种多样的运动特性；采用强化学习方法对机械臂的运动进行了优化，通过对手臂摆动、拾取动作和击打动作的运动数据采集实验和仿真验证了所提方法的有效性与可行性。

参 考 文 献

[1] Craig J J. Introduction to Robotics: Mechanics and Control[M]. 3rd ed. Upper Saddle River: Pearson/Prentice Hall, 2005.

[2] Martin B J, Bobrow J E. Minimum-effort motions for open-chain manipulators with task-dependent end-effector constraints[J]. The International Journal of Robotics Research, 1999, 18(2): 213-224.

[3] Ijspeert A J, Nakanishi J, Shibata T, et al. Nonlinear dynamical systems for imitation with humanoid robots[C]. Proceedings of the IEEE/RAS International Conference on Humanoids Robots, Tokyo, 2001: 219-226.

[4] Gielen S. Review of models for the generation of multi-joint movements in 3-D[M]//Progress in Motor Control. New York: Springer, 2009: 523-550.

[5] Flash T, Hogan N. The coordination of arm movements: An experimentally confirmed mathematical model[J]. Journal of Neuroscience the Official Journal of the Society for Neuroscience, 1987, 5(7): 1688.

[6] Soechting J F, Buneo C A, Herrmann U, et al. Moving effortlessly in three dimensions: Does Donders' law apply to arm movement?[J]. The Journal of Neuroscience, 1995, 15(9): 6271-6280.

[7] Admiraal M A, Kusters M J M A M, Gielen S C A M. Modeling kinematics and dynamics of human arm movements[J]. Motor Control, 2004, 8(3): 312-338.

[8] Zacharias F, Schlette C, Schmidt F, et al. Making planned paths look more human-like in humanoid robot manipulation planning[C]. IEEE International Conference on Robotics and Automation, Shanghai, 2011: 1192-1198.

[9] Farouki R T. The Bernstein polynomial basis: A centennial retrospective[J]. Computer Aided Geometric Design, 2012, 29(6): 379-419.

[10] Hogan N, Flash T. Moving gracefully: Quantitative theories of motor coordination[J]. Trends in Neurosciences, 1987, 10(4): 170-174.

[11] Winter D A. Biomechanics and Motor Control of Human Movement[M]. New York: John Wiley & Sons, 2009.

[12] Dul J, Johnson G, Shiavi R, et al. Muscular synergism—II. A minimum-fatigue criterion for load sharing between synergistic muscles[J]. Journal of Biomechanics, 1984, 17(9): 675-684.

[13] Hagberg M. Muscular endurance and surface electromyogram in isometric and dynamic exercise[J]. Journal of Applied Physiology, 1981, 51(1): 1-7.

[14] Amell T. Shoulder, Elbow, and Forearm Strength[M]. Boca Raton: CRC Press, 2004.

[15] Sutton R S, Barto A G. Reinforcement Learning: An Introduction[M]. Cambridge: MIT Press, 1998.

[16] Deisenroth M P, Neumann G, Peters J. A survey on policy search for robotics[J]. Foundations and Trends® in Robotics, 2013, 2(1-2): 1-142.

[17] Kober J, Bagnell J A, Peters J. Reinforcement learning in robotics: A survey[J]. The International Journal of Robotics Research, 2013, 32(11): 1238-1274.

[18] Sehnke F, Osendorfer C, Rückstieb T, et al. Policy gradients with parameter-based exploration for control[C]. International Conference on Artificial Neural Networks, Prague, 2008: 387-396.

[19] Sehnke F, Osendorfer C, Rückstieb T, et al. Parameter-exploring policy gradients[J]. Neural Networks, 2010, 23(4): 551-559.

[20] Koopman B, van Asseldonk E H, van der Kooij H. Speed-dependent reference joint trajectory generation for robotic gait support[J]. Journal of Biomechanics, 2014, 47(6): 1447-1458.

第8章 基于动作基元的拟人臂操作方法 在工程机械中的应用

8.1 引　言

前面章节介绍了可以利用提出的运动语言方法将同一个技巧在不同的拟人臂平台上进行迁移。本章进行拟人臂领域之外的进一步拓展应用,将动作基元的有关思想拓展至救援工程机械中的非拟人臂,进行异构拓展,以提高救援工程机械的作业效率。

地震、泥石流、火灾、爆炸等引起的建筑物、山体坍塌和掩埋,威胁着人们的生命与财产安全,如近年来我国发生的几次大地震:四川汶川大地震、青海玉树大地震和四川雅安大地震。因此,针对救援抢险工程机械的研究引起了国际社会的广泛关注和高度重视,并取得了阶段性的进展。然而,现有研究大多以小型工程机械或机器人为主,侧重于探测、感知等智能化技术,尚缺乏对复杂建筑废墟等环境下的作业处理能力。然而,恰恰是在灾后抢险过程中,通常需要大型重载机械化装备来完成人力不可达或人力施救效率低的工作。因此,在抢险救援工作中为了解决人力施救难、施救慢等问题,迫切需要能够对灾难现场建筑坍塌物进行快速准确处理清理作业的大型抢险救援机械装备。

救援现场的环境情况通常非常复杂,面临的任务也多种多样,典型的有对建筑坍塌物剪切、破碎和分离作业,对碎石泥土的抓取、清理和转移等作业。现阶段普遍采用的方法是通过在单臂救援工程机械的机械臂末端更换不同的操作属具来完成不同种类的作业任务。典型的属具包括抓斗、液压剪、破碎锤、钻具、扩张器等。然而,对于重大自然灾害和生产事故的抢险救援过程,时间就是生命,救援效率对于救援工作是至关重要的。而过多频繁地更换属具无疑会以牺牲作业效率为代价。另外,有些任务通过单操作臂是无法完成的,例如,从一个扁平的坍塌墙体下拉出压在下面的物体;抓住一个大型物体对其进行切割分解;折弯一个长条形物体等操作任务。因此,尝试采用双臂末端配置标准工作属具并以协调配合的方式来应付完成绝大多数任务,同时在必要时从救援工程机械车体属具工具箱内更换选配属具来辅助完成其他任务。也就是说,通过引入双臂配置的方式来提高在救援现场所面临的不同复杂任务的作业效率。

从机器人技术的角度,双臂协调操作是解决极端环境下复杂作业的一个重要解决思路,最为典型的例子是 NASA 和 DLR 分别设计研制的 Robonaut 和 Rollin Justin 双臂机器人[1,2]。它们都拥有拟人的上半身和双臂，用于协助或替代人类宇航员完成极端太空环境下的危险作业。抢险救灾同样也属于一个极端作业环境，也是特种机器人的一个重要应用领域。因此，将某些机器人技术领域中的控制思想和策略应用到救援工程机械中已成为一个发展的必然趋势。近年来，工程机械装备越来越趋于智能化、越来越具有机器人的内涵就是一个证明。实际上，救援救灾领域已经为工程机械和机器人技术的融合提供了一个重要而广阔的平台。双臂在工程机械上的应用，国际上现阶段以地震灾害多发的日本为代表，包括 Tmsuk 公司研制的援龙系列及日立建机有限公司开发的 ASTACO 双臂救援机器人，其他国家的相关研究尚不多见。

　　值得注意的是，双臂系统在机器人领域与工程机械领域中的研究与应用是有重要的区别的。机器人领域中的双臂系统应用主要可以分为工业应用和室内应用两大类。工业应用中主要涉及零件装配[3]和材料成型[4]等，而室内应用主要包括折叠衣物[5]以及照看老年人为其提供生活服务[6]。然而，无论是哪一类具体应用，其中都大量涉及需要双臂同时操作同一个物体使之形成一个封闭环的任务。这类任务被定义为双臂操作任务[7]，即需要双臂同时操作同一个物体。因此，机器人领域的双臂系统研究主要集中在双臂协调操作方面[8]。而双臂救援工程机械面临的大多数任务则属于另外一种情形，即目标导向的协调操作任务[7]。在该类任务中，双臂分别在不同时候进行操作完成总任务的不同步骤。在此期间，双臂几乎不需要同时操作同一物体而产生相互作用。于是双臂救援工程机械所需要解决的主要问题就是如何提高操作人员的操作效率使之在最短的时间内完成更多的救援任务。本章把拟人臂操作控制技术中的动作基元思想应用于与合作单位共同开发的双臂救援工程机械上，以实现从拟人臂到异构机械臂的操作技巧迁移[9]。

8.2　拟人双臂的运动规划与控制框架

　　人类使用双臂去完成一个具体任务时，首先会用大脑凭借自己的经验或推理将整个任务分解到两个手臂上分别形成一系列操作序列。操作序列是各个手臂完成各自任务所需要依次进行的较大的操作流程，属于策略层面的规划。然后在执行的过程中，操作序列又可再细化分为各个动作序列。动作序列是指一系列具有明确直观意义的人臂运动。众所周知，人臂具有肩部 3 个、肘部 2 个和腕部 2 个总共 7 个自由度。第 2 章将这 7 个自由度的单独运动定义为动作元素。显然，人臂的所有运动都是由这 7 个动作元素配合协调完成的。近年来，越来越多来自神经生理学方面的研究表明人臂在运动过程中有动作基元的存在。认为人类在长期的运动实践过程当中，形成了一系列经验，某些动作元素开始逐渐演化组合为一个多自由度协调运动的独立动作单元，即动作基元，如举手、挥手、推举等动作基元。这样人们完成一个复杂运动时就可以像是用不同的动作基元搭积木一样轻松实现所需完成的运动，而不需要思考人臂的各个关节是如何运动的，从而减轻完成复杂任务时的思维负担。

　　拟人双臂的任务运动规划采取人臂的这种策略框架，将 7 个动作元素和若干组合形成的动作基元一起作为拟人双臂运动的动作库。请注意，在救援工程机械应用当中，受操作手柄的限制和安全性的考虑，一般不会过多地采用复杂的多关节联动的形式。因此，区别于运动语言框架中将动作定义为由多个动作基元连接而成的更高一级的复杂运动，这里将单关节运动的动作元素和多关节协调运动的动作基元统称为动作。动作库中若干合理的动作构成动作序列，进而构成操作序列，最后完成指定的具体任务。其任务运动规划框架示意图如图 8.1 所示。

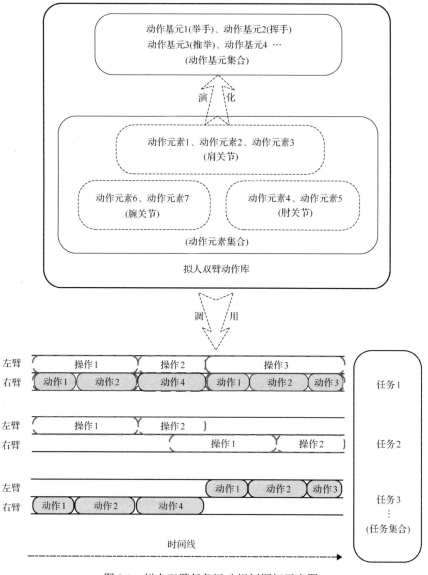

图 8.1　拟人双臂任务运动规划框架示意图

人类使用双臂完成一个具体任务时，首先会用大脑凭借自己的经验或推理将整个任务分解到两个手臂上分别形成一系列操作序列。操作序列是各个手臂完成各自任务所需要依次进行的较大的操作流程。

值得一提的是，对于拟人臂动作基元的提炼主要依赖于具体的应用领域。将应用领域内的主要操作任务进行归纳总结，接着对每个任务进行操作序列和动作序列的分解，然后从中找出该领域内经常需要使用的动作，若该动作是多自由度协调配合运动的，则将其设计为固定的动作基元以便重复使用。不难发现，如此设计出来的拟人臂动作基元与人臂动作基元产生的方式是一脉相承的。表 8.1 给出了拟人双臂应用该框架完成螺栓螺母装配作业任务的操作及动作序列分解表实例。可见，这种操作动作序列分解表是图 8.1 中左右两臂沿时间线相互协调运动过程的一种直观的表达形式。图 8.2 为拟人双臂完成螺栓螺母装配作业过程中的实物图，拟人双臂是由北京航空航天大学机器人研究所用三菱重工业(中国)有限公司的 PA10(左臂)和德国 AMTEC 的 Power Cube 模块化机器人(右臂)搭建而成的。

表 8.1　拟人双臂螺栓螺母装配操作及动作序列分解表

夹持螺栓子任务(左臂)		旋拧螺母子任务(右臂)		
1	初始化操作	1	初始化操作	
2	装配前准备操作：接近目标(动作基元)；调整到达(动作基元)；抓取螺栓(动作基元)；提升至预装配位姿(动作基元)；接近螺母(轴线重合)(动作基元)；接触螺母(松紧适当)(动作基元)	2	装配前准备操作	接近目标(动作基元)；调整到达(动作基元)；抓取螺母(动作基元)；提升至预装配位姿(动作基元)
		3	暂停操作	
3	暂停操作	4	装配操作　旋拧动作基元	旋转腕部(动作元素)；张开手爪(动作元素)；腕部返回(动作元素)；闭合手爪(动作元素)；循环旋拧动作基元 n 次
4	完成返回操作	5	完成返回操作	

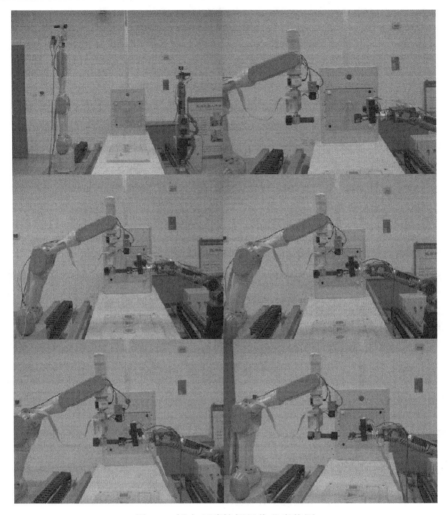

图 8.2　拟人双臂拧螺母作业实物图

8.3　拟人双臂的规划控制方法在救援工程机械上的应用

对于救援工程机械，最重要的需求就是操作效率。这将直接影响救援所用时间和最终的救援效果。动作基元作为一种多个运动元素同时协调运动的方式被看成是非常好的节约操作时间的方法。因为操作人员不再需要轮流操作多个关节来达到操作目标，而是通过一个操作动作就可以使多个关节联动，从而实现整个目标。所以，将基于动作基元和动作库思想的拟人双臂规划控制方法应用到救援工程机械，以期设计出符合操作人员认知习惯的直感式操作方式来提高救援工程机械的操作作业效率。首先，需要了解救援工程机械所面临的主要任务有哪些，并从中提取可重用的动作基元，进而形成合理的面向救援工程机械的动作库。针对抢险救援现场的特点，救援工程机械所面临的任务主要有以下五个方面：对建筑坍塌物和碎石泥土的抓取、搬运转移及装卸载任务；对混凝土、钢筋、电缆的剪断和切割处理；对大型废置物的拆除和破碎；对大型建筑混凝土墙体进行钻孔；对大型重物进行支撑。对待不同的作业任务，救援工程机械通过在末端配置不同的工作属具来完成。表 8.2 列出了上述五个任务所分别对应的工作属具。图 8.3 为各种属具的实物图。

表 8.2　救援工程机械的主要作业任务及相对应的作业属具表

序号	主要作业任务	主要作业属具
1	抓取、搬运转移、装卸载	抓斗、抓具
2	剪断、切割	液压剪、破碎钳
3	破碎、拆除	破碎锤
4	钻孔	钻具
5	扩张支撑	扩张器

图 8.3　各种属具实物图

表 8.3～表 8.7 分别总结归纳了救援工程机械单臂末端配置使用以上典型五种属具完成不同作业任务时的操作及动作序列。

表 8.3　抓取、搬运任务操作及动作序列分解表

操作序列	动作类型	动作序列	抓取、搬运任务
1	准备操作	1	移动抓斗接近目标物体动作
		2	调整抓斗朝向动作
		3	精细调整抓斗位姿动作
2	执行操作	4	抓斗闭合动作
3	转移操作	5	移动抓斗至搬运地点动作
		6	调整抓斗朝向动作
4	执行操作	7	抓斗张开动作

表 8.4　剪断、切割任务操作及动作序列分解表

操作序列	动作类型	动作序列	剪断、切割任务
1	准备操作	1	移动液压剪接近目标物体动作
		2	调整液压剪朝向动作
		3	精细调整液压剪位姿动作
2	执行操作	4	液压剪动作

表 8.5　破碎、拆除任务操作及动作序列分解表

操作序列	动作类型	动作序列	破碎、拆除任务
1	准备操作	1	移动破碎锤接近目标物体动作
		2	调整破碎锤朝向动作
		3	精细调整破碎锤位姿动作
2	执行操作	4	沿破碎锤朝向的进给动作

表 8.6　钻孔任务操作及动作序列分解表

操作序列	动作类型	动作序列	钻孔任务
1	准备操作	1	移动钻具接近目标物体动作
		2	调整钻具朝向动作
		3	精细调整钻具位姿动作
2	执行操作	4	沿钻具朝向的进给动作以及钻具的旋转动作

表 8.7　扩张支撑任务操作及动作序列分解表

操作序列	动作类型	动作序列	扩张支撑任务
1	准备操作	1	移动扩张器接近目标物体动作
		2	调整扩张器朝向动作
		3	精细调整扩张器位姿动作
2	执行操作	4	沿扩张器朝向的进给动作
		5	扩张器动作

　　不难总结，所有任务的准备操作阶段的动作序列都是一样的，其中精细调整属具位姿动作是进一步重复移动属具动作和调整属具朝向动作的复合。在传统救援工程机械的关节操作模式中，移动属具动作是通过依次调整主臂和副臂的各个关节自由度运动元素来实现的，而调整属具朝向动作则是通过依次调整腕部各个关节自由度运动元素来完成的。于是，可以将使用频繁的移动属具动作设计为一个动作基元，使得大臂和小臂各个关节自由度实现联动从而直接控制腕部中心的运动，简化控制的步骤并提高控制的直观性。

　　由于调整属具朝向动作中的各个动作元素本身控制已很直观，而且运动范围通常不大，这里不将其设计成为一个独立的动作基元。在破碎、拆除、钻孔以及扩张支撑任务的执行操作当中，注意到均有沿属具朝向的进给动作，该动作通常需要依次执行大臂、小臂以及腕部多个关节自由度的动作元素，且使用频繁，因此将其设计成为一个多动作元素联动的动作基元，以便进行更为直观的控制。由此可以整理得到面向救援工程机械的两个通用的动作基元：移动属具动作基元和沿属具朝向进给动作基元。这两个动作基元与其他单关节自由度动作元素一起构成了救援工程机械的动作库。对于双臂救援工程机械这种多自由度的自动化设备，采用动作库中的这些直观易理解的动作基元便于操作人员更为直观、更为方便地操作这些救援工程机械，减轻了操作认知负担。同时，动作基元的使用不再需要依次操纵各个自由度关节来实现某些多关节复合的运动，从而提高了操作作业的效率。

8.4　双臂救援工程机械具体案例研究

　　目前，国际上现有的双臂救援工程机械主要是日本 Tmsuk 公司分别于 2000 年、2004 年、2007 年研制成功的援龙 T5、T52 和 T53 系列以及日立建机有限公司于 2011 年开发成功的 ASTACO 双臂救援工程机械。这些双臂救援工程机械大都属于轻量级工程机械，只能对一些轻、小型物品进行分离、破拆等处理，无法满足地震等自然灾害现场的施救作业要求(T53自重 2.9t, ASTACO自重 13.4t)。参与合作研制开发的是一种面向严重灾害应急处理的智能型双臂手系列化救援工程机械产品，即针对各种自然灾害和生产事故，提供大、中、小三种规格产品，可在司机室内控制，也可以通过无线视频传输进行远距离遥控作业的智能型双臂手作业，并具有轮履两用行走功能的大型抢险救援工程机械系列产品。三种产品自重分别约为 20t、40t、60t，单臂最大取重量分别为 4t、8t、10t，双臂联合最大取重量分别为 8t、16t 和 20t，具有多种可快速更换的末端工作属具，以满足抢险救灾现场对混凝土和钢结构等坍塌物进行快速、准确的剪切、破碎和分解分离作业需求。20t 样机的整机三维仿真示意图如图 8.4 所示。

　　如图 8.4 所示，双臂采用相同的结构形式，均由主臂、副臂、腕部和属具四部分构成，且总共具有 6 个自由度(不包括属具的动作自由度)，从驾驶室到属具末端参照驾驶人员描述依次为：主臂的左右摆动、主臂的上下变幅、副臂的上下变幅、属具的上下变幅、属具的左右摆动以及属具绕自身轴线的旋转。根据 8.3 节介绍的五种工作属具在救援现场的使用频率，将采用左臂抓斗和右臂液压剪的经典配置。在抓斗和液压剪的执行任务过程中不存在沿属具朝向进给运动，因此在进行 20t 样机双臂动作整体设计时仅保留了移动属具动作基元。在本例中移

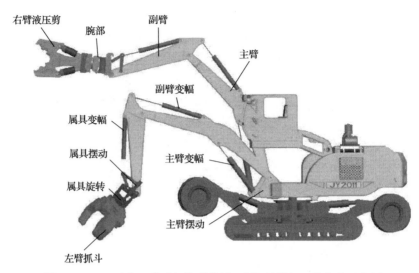

图 8.4　20t 双动力双臂手智能型救援工程机械样机三维仿真示意图

动属具动作基元是由主臂摆动、主臂变幅和副臂变幅的联动实现的，控制的目标是腕部和副臂的铰接点位置。其具体还可以细分为移动属具前后运动、移动属具左右运动以及移动属具上下运动三种标准动作基元。移动属具动作基元可以是单独的以上三种标准动作基元，也可以是三种基元的复合。详细的 20t 双动力双臂手智能型救援工程机械的动作库如图 8.5 所示。

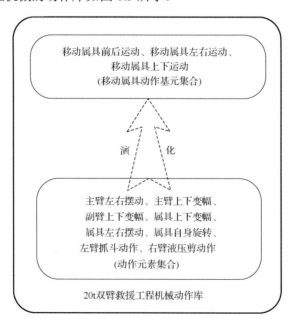

图 8.5　20t 双动力双臂手智能型救援工程机械的动作库

采用图 8.5 提供的动作库，20t 双臂救援工程机械进行左臂抓取物体，右臂对其进行剪切经典任务时的操作及动作序列分解如表 8.8 所示。

表 8.8 抓取剪切任务的操作及动作序列分解表

抓取物体(左臂抓斗)			剪切物体(右臂液压剪)		
1	准备操作	移动属具动作基元粗调抓斗位置			
		属具变幅、摆动和旋转动作元素调整抓斗朝向	1	暂停操作	
		移动属具动作基元与腕部动作元素进一步精细调整抓斗姿态			
2	执行操作	抓斗闭合动作元素			
3	提起操作	移动抓斗向上运动动作基元			
		腕部动作元素调整抓斗姿态			
4		暂停操作	2	准备操作	移动属具动作基元控制液压剪接近目标物体
					腕部动作元素调整液压剪朝向
					移动属具动作基元与腕部动作元素进一步精细调整液压剪姿态
			3	执行操作	液压剪动作元素

8.5 双臂协调操作设计中的具体问题

8.5.1 双臂协调操作人机接口设计

由主臂摆动、主臂变幅和副臂变幅联动所演化而来的移动属具动作基元体现在实际应用中就是一种操作模式，称这种操作模式为属具位置操作模式，通过上述三个动作元素协调运动来控制属具的位置移动。该操作控制模式与工程机械传统的直接控制各个关节动作元素的关节操作模式构成了 20t 双臂救援工程机械的两种操作模式。在驾驶室中的控制台上采用左右两个手柄来实现上述两种操作方式。图 8.6 为单个手柄的示意图。

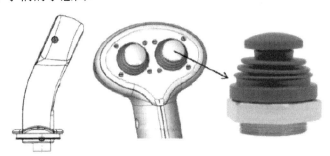

图 8.6 单个手柄示意图

左右两个手柄分别控制左右手臂动作，通过手柄上可前、后、左、右移动的按钮来切换控制实现不同的动作，每个操作手柄上有 7 个动作，每个动作执行与否，通过显示器上的按钮进行选择，防止误动作。操作模式的切换通过驾驶室操作面板上的按钮进行控制。关节操作模式和属具位置操作模式下操作手柄各个运动所对应的动作含义分别如图 8.7 和图 8.8 所示。

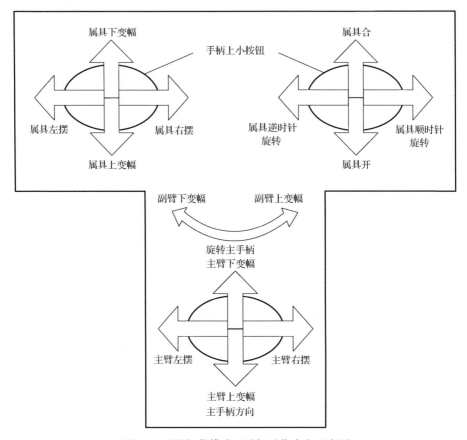

图 8.7　关节操作模式下手柄动作含义示意图

图 8.7 和图 8.8 所示的前、后、左、右、上、下均是针对驾驶室中的操作人员而言的。在分配动作时，采取便于操作者使用的原则将相邻的动作元素设置在一起，并尽量使得操作具有直观性。同时为了减少操作人员思维转换的负担，在两种操作模式的切换过程中尽量减少变动，只将主手柄的前、后、左、右、及旋拧动作含义进行了更改，小按钮上的动作含义未作变化。也就是说，在采用移动属具动作基元控制属具移动到理想位置之后，可以按照关节模式中相同的方式操作小按钮调用腕部动作元素从而调整属具的朝向。另外，值得一提的是，如果对显示器上相应的动作按钮进行了选择，各个动作之间是可以进行复合联动的，例如，

在属具位置操作模式下将主手柄朝右前方推表示控制属具朝向右前方向运动。

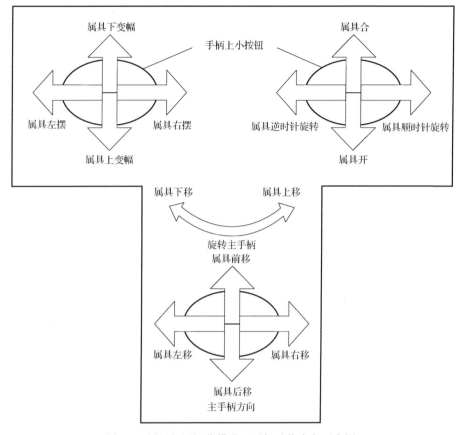

图 8.8　属具位置操作模式下手柄动作含义示意图

8.5.2　移动属具动作基元的实现

　　移动属具动作基元是通过主臂摆动、主臂变幅和副臂变幅的协调运动来控制属具的前、后、左、右、上、下移动。因此，如何控制上述三个关节动作元素的运动速度才能使得属具按照指定方向按照指定的速度进行运动呢？下面将介绍移动属具动作基元的具体实现算法原理。用机器人学中的 D-H 方法[10]对 20t 双臂救援工程机械的机械臂进行建模，如图 8.9 所示。

　　图 8.9 可以看成双臂救援工程机械的机械臂运动简图的右视图。图中，穿过 O_0、O_1 的竖直轴线为主臂摆动的关节轴线，O_2 为机械臂主臂与工程机械上车转台之间的铰接点，O_3 为机械臂副臂与主臂之间的铰接点，O_4 为属具与副臂之间的铰接点，即控制目标。希望控制主臂摆动速度 $\dot{\theta}_1$、主臂变幅速度 $\dot{\theta}_2$ 和副臂变幅速度 $\dot{\theta}_3$ 来控制 O_4 的运动。其中，θ_1 的旋转正方向竖直朝上，当臂架所在平面朝

正前方时(即示意图当前位置时)，$\theta_1 = 0°$；θ_2 的旋转正方向垂直纸面朝外，当主臂处于水平状态时，$\theta_2 = 0°$；θ_3 的旋转正方向垂直纸面朝外，当副臂与主臂重合时，$\theta_3 = 0°$。驾驶员操作时通过操作手柄给出 O_4 的运动信息，包括运动方向和运动速度，算法需要实时反解出满足要求的 $\dot\theta_1$、$\dot\theta_2$ 和 $\dot\theta_3$。

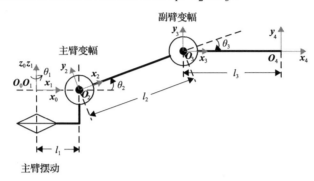

图 8.9　20t 双臂救援工程机械的机械臂建模示意图

根据机器人学中的知识，机械臂的关节速度空间与末端操作速度空间之间存在线性映射关系，其线性映射比为雅可比矩阵 $\boldsymbol{J}$，与当前机械臂的位形有关。于是有

$$\dot{\boldsymbol{X}} = \boldsymbol{J}\dot{\boldsymbol{\theta}} \tag{8.1}$$

参照图 8.9 中所建立的机械臂运动学模型可知，$\dot{\boldsymbol{X}} = \left(\dot{x}_4, \dot{y}_4, \dot{z}_4\right)^{\mathrm{T}}$，$\dot{\boldsymbol{\theta}} = \left(\dot\theta_1, \dot\theta_2, \dot\theta_3\right)^{\mathrm{T}}$，

$$\boldsymbol{J} = \boldsymbol{J}\left(\theta_1(t), \theta_2(t), \theta_3(t)\right)$$
$$= \begin{pmatrix} -s_1(l_1 + l_2 c_2 + l_3 c_{23}) & c_1(-l_2 s_2 - l_3 s_{23}) & -l_3 c_1 s_{23} \\ c_1(l_1 + l_2 c_2 + l_3 c_{23}) & s_1(-l_2 s_2 - l_3 s_{23}) & -l_3 s_1 s_{23} \\ 0 & l_2 c_2 + l_3 c_{23} & l_3 c_{23} \end{pmatrix}$$

其中，$c_1 = \cos\theta_1$，$c_2 = \cos\theta_2$，$c_{23} = \cos(\theta_2 + \theta_3)$，以此类推，$l_1$、$l_2$、$l_3$ 的含义如图 8.9 所示。

由式(8.1)可以得到各个关节转动速度的逆解公式为

$$\dot{\boldsymbol{\theta}} = \boldsymbol{J}^{-1}\left(\theta_1, \theta_2, \theta_3\right)\dot{\boldsymbol{X}} \tag{8.2}$$

这样，在每一个控制周期由关节转角传感器提供的当前各个关节的转角值便可以计算出 $\boldsymbol{J}^{-1}\left(\theta_1, \theta_2, \theta_3\right)$，又结合操作人员通过控制手柄输入的属具运动速度及方向，即 $\dot{\boldsymbol{X}}$，就可以通过式(8.2)实时地求解动作元素运动速度矢量 $\dot{\boldsymbol{\theta}}$。其算法输入输出示意图如图 8.10 所示。

图 8.10　移动属具动作基元算法输入输出示意图

所求得的关节转动角速度有可能会出现过饱和的现象，即得到的关节角速度数值超过了实际可以提供的最大角度速度。若出现过饱和的现象，则需要对求解的关节速度矢量 $\dot{\boldsymbol{\theta}}$ 缩放至安全角速度数值。这将以牺牲要求的属具移动速度为代价，但其运动方向还是保持不变的。

8.5.3　双臂避碰监控问题

由于多自由度双臂救援工程机械在操作使用时极易发生自碰撞，双臂之间的避碰问题对救援工程机械是一个重要问题。下面介绍本章所提出的一种适用于所有双臂工程机械解决避碰问题的通用性方法，提出的避碰监控系统可以在操作过程中实时地计算并输出显示双臂之间的最短距离，若最短距离大于预先设置的安全距离，则正常运行，若小于安全距离，则报警、双臂制动并且操作手柄自动失效，从而起到实时监控以避免发生操作过程中双臂碰撞的功能。同时，操作人员也可以通过实时地观察显示的双臂最短距离来防止避免双臂潜在的碰撞危险。其核心的避碰监控算法原理如图 8.11 所示。

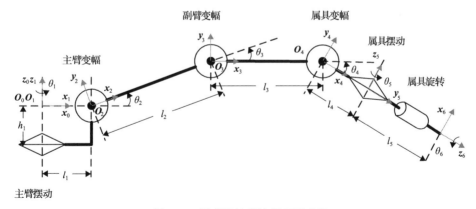

图 8.11　避碰监控算法原理示意图

如图 8.11 所示，单个臂架可以抽象为由 4 个串联的连杆部件构成：主臂（O_2O_3）、副臂（O_3O_4）、腕部（O_4O_5）、属具（O_5O_6）。根据合作单位设计的主臂内外摆角极限角度、主副臂最大延展长度以及左右臂主臂回转轴线之间距离等参数粗略估计大部分的连杆部件都可能发生碰撞。因此，避碰监控算法中将对左右臂上的各个部件分别进行两两检测，用其中所有16对连杆部件最短距离中的最小距离作为左右臂之间的最短距离，并返回最小距离发生的左右臂部件的位置。然而，图8.11的机械臂连杆部件指的是理论连杆，计算实际的机械臂连杆之间的距离时还需要考虑具体的尺寸外形。

如图8.12所示，左右臂理论连杆部件的端点坐标可以由关节转角传感器检测得到的各个关节转角值经过机械臂的正向运动学解得(具体算法参见附录1)。通过算法可以得到任意两理论连杆部件之间的最短距离，即图8.12中的虚线的长度。考虑到实际连杆部件的几何外形，可以用一个固定长度的安全距离阈值去包络整个理论连杆部件，形成的管状的包络面将实际的连杆部件包络在其中。这里的各个部件的安全距离阈值是根据具体的设计尺寸来确定的。最后，理论的最短距离减去左右臂连杆部件对应的安全距离阈值即得到实际连杆部件之间的最短距离 D。

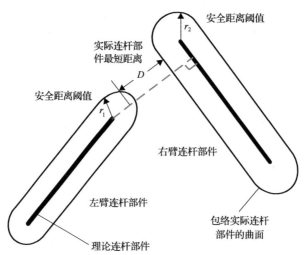

图8.12　两实际连杆部件之间的最短距离示意图

由以上论述可以得知，其避碰监控算法的核心是计算两个任意理论连杆之间的最短距离。下面给出该求最短距离算法的计算流程。首先给出两个重要的定理(定理的证明详见附录2)。

定理 1　平面内两条不相交的线段之间的最短距离一定发生在端点处。

定理 2　存在两条任意异面线段 AB 和线段 CD，作过 AB 且垂直于两条异面线段公垂线的平面 α，以及过 CD 且垂直于公垂线的平面 β，将 CD 投影到平面 α 上得到 $C'D'$，则异面两条线段之间的最短距离为 $C'D'$ 与 AB 之间的最短距离的平方加上平面 α 和平面 β 之间距离的平方再开根号。

空间任意两条线段 AB 和 CD 之间的最短距离 D_m 算法如下：

if 线段 AB 和线段 CD 共线
    if AB 和 CD 重合
        then $D_m = 0$
    else AB 和 CD 不重合
        then $D_m = \min(AC, AD, BC, BD)$
                （等式右边表示取线段 AC、AD、BC、BD 长度的最小值）
else if 线段 AB 和线段 CD 共面
    if AB 和 CD 相交
        then $D_m = 0$
    else AB 和 CD 不相交
        then $D_m = \min(\min(A \text{ to } CD), \min(B \text{ to } CD), \min(C \text{ to } AB), \min(D \text{ to } AB))$
                （$\min(A, CD)$ 表示 A 点到线段 CD 的最短距离）
else 线段 AB 和线段 CD 异面
    if AB 和 $C'D'$ 相交
        then $D_m = $ 平面 α 和平面 β 之间的距离
    else AB 和 $C'D'$ 不相交
        then $D_m = \sqrt{\left(AB\text{和}C'D'\text{之间最短距离}\right)^2 + \left(\text{平面}\alpha\text{和平面}\beta\text{之间的距离}\right)^2}$

具体算法参见附录 3。由此通过各个关节转角传感器实时传回的当前关节转角以及当前属具标识信息（与安全包络阈值的选取有关），就能够实时计算出左右双臂之间的最短距离并指出最短距离发生的位置，以提供给操作人员参考并在适当时机进行安全干预。避碰监控算法输入输出示意图如图 8.13 所示。

图 8.13 避碰监控算法输入输出示意图

8.6 仿真算例与实验

首先对 20t 双臂救援工程机械典型的抓取剪切任务进行仿真。假设左右双臂的初始位形均为 $\theta_1 = 0°, \theta_2 = 60°, \theta_3 = -90°, \theta_4 = 0°, \theta_5 = 0°$，如图 8.14 所示。

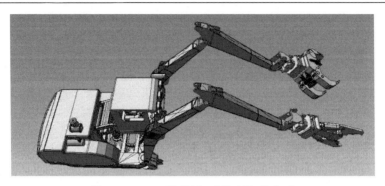

图 8.14 20t 双臂救援工程机械初始位形

根据表 8.8 所示抓取剪切任务的操作及动作序列分解表对抓取剪切任务进行任务运动规划。首先，通过属具位置操作模式，即移动属具动作基元，将左臂末端抓斗与其副臂之间铰接点从初始位形位置 (4890,0,2636) mm 以 (300,0,100) mm/s 的速度运动 3s 到达 (5790,0,2936) mm 来对抓斗进行定位（均在图 8.9 和图 8.11 的 O_0 坐标系下描述，下同）；其次，在关节操作模式下通过属具变幅动作元素调整左臂抓斗朝向使其竖直朝下，运动时间为 1s；再次，抓斗闭合抓取目标物体；接着，通过属具位置操作模式将抓斗铰接点以 (0,0,200) mm/s 的速度经过 5s 竖直向上运动至 (5790,0,3936) mm，经过 1s 重新通过属具变幅动作元素调整属具变幅动作元素使抓斗竖直朝下，通过属具位置操作模式将右臂末端液压剪与其副臂之间的铰接点从初始位形位置以 (180,60,–140) mm/s 的速度运动 5s 到达 (5790,300,1936) mm 位置；最后，分别经过 1s 通过属具变幅和属具摆动动作元素调整液压剪工作朝向，即腕部竖直朝下以及液压剪表面呈水平状，对左臂抓斗所抓取得物体进行剪切作业。具体的仿真结果如图 8.15 所示。

图 8.15 中的 6 个关键位形分别如下。

(1) 关键位形 1：
左臂 (0°, 50.88°, –64.87°, 0°, 0°)，右臂 (0°, 60°, –90°, 0°, 0°)。

(2) 关键位形 2：
左臂 (0°, 50.88°, –64.87°, –76.01°, 0°)，右臂 (0°, 60°, –90°, 0°, 0°)。

(3) 关键位形 3：
左臂 (0°, 51.97°, –46.40°, –76.01°, 0)，右臂 (0°, 60°, –90°, 0°, 0°)。

(4) 关键位形 4：
左臂 (0°, 51.97°, –46.40°, –95.58°, 0°)，右臂 (0°, 60°, –90°, 0°, 0°)。

(5) 关键位形 5：
左臂 (0°, 51.97°, –46.40°, –95.58°, 0°)，右臂 (2.97°, 45.87°, –76.10°, 0°, 0°)。

(6) 关键位形 6：
左臂 (0°, 51.97°, –46.40°, –95.58°, 0°)，右臂 (2.97°, 45.87°, –76.10°, –59.76°, 90°)。

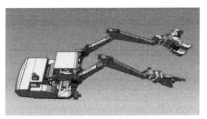

(a) T=3s(左臂移动属具动作基元)

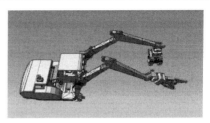

(b) T=4s(左臂属具变幅动作元素)

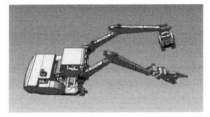

(c) T=9s(左臂移动属具动作基元)

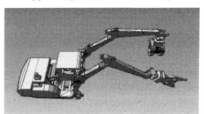

(d) T=10s(左臂属具变幅动作元素)

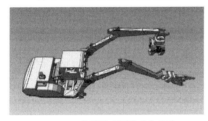

(e) T=15s(右臂移动属具动作基元)

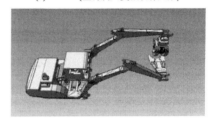

(f) T=17s(右臂属具变幅摆动动作元素)

图 8.15　20t 双臂救援工程机械典型抓取剪切任务仿真示意图

　　在整个抓取剪切任务过程中，各个关节的轨迹如图 8.16 所示。双臂之间的最短距离变化曲线如图 8.17 所示。从图中可以看出，若预先将安全距离阈值设置为100mm，则在整个抓取剪切过程中双臂的运行都是安全的。

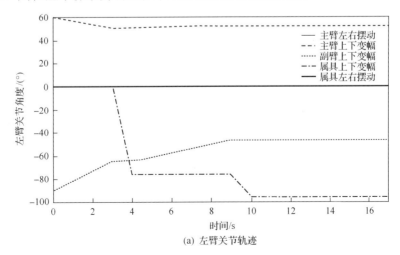

(a) 左臂关节轨迹

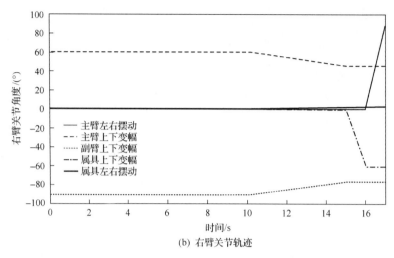

(b) 右臂关节轨迹

图 8.16　提出的混合操作模式下的抓取剪切任务双臂关节轨迹图

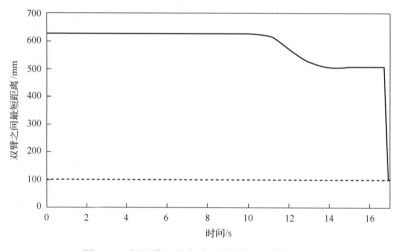

图 8.17　抓取剪切任务中双臂最短距离轨迹图

为了与传统操作方法的效率差别进行对比，采用纯关节操作模式来操作救援双臂工程机械，从同样的初始位形完成同样的抓取剪切任务。在传统的关节操作模式下，操作人员用操纵杆进行一次操作动作只能操作双臂中的一个关节进行运动。这样，为了完成一些复杂的任务目标，操作人员不得不轮流多次操作不同的关节。为了更好地与提出的操作模式进行对比，要求关节操作模式下双臂也必须到达经过图 8.15 所示的 6 个关键位形。另外，在传统的操作模式仿真中，每个关节的关节角速度采用提出的操作模式仿真中所使用的最大角速度，如下所示：

$$\dot{\theta}_{1\max\_left} = 0° / s, \qquad \dot{\theta}_{1\max\_right} = 0.70° / s$$

$$\dot\theta_{2\max\_left} = 3.58°/s, \qquad \dot\theta_{2\max\_right} = 2.89°/s$$

$$\dot\theta_{3\max\_left} = 9.57°/s, \qquad \dot\theta_{3\max\_right} = 3.44°/s$$

$$\dot\theta_{4\max\_left} = 76.01°/s, \qquad \dot\theta_{4\max\_right} = 59.76°/s$$

$$\dot\theta_{5\max\_left} = 0°/s, \qquad \dot\theta_{5\max\_right} = 90°/s$$

采用纯关节操作模式控制双臂救援工程机械完成抓取剪切任务的关节轨迹仿真结果如图 8.18 所示。

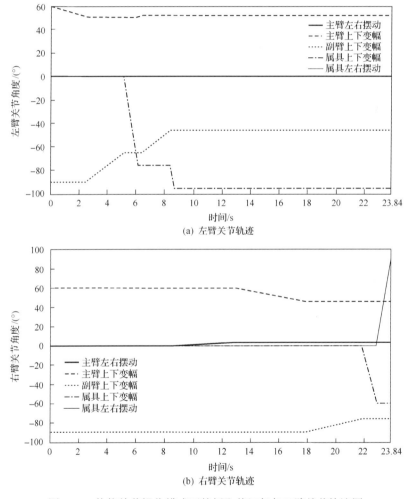

图 8.18　传统关节操作模式下的抓取剪切任务双臂关节轨迹图

对比图 8.16 和图 8.18 不难发现，关节操作模式下的任务完成时间是 23.84s 多于提出的混合操作模式所用的 17s。这是在假设关节操作模式下所采用的关节角速度始终是混合操作模式下的关节角速度的最大值的前提下进行的。也就是说，关节操作模式下的角速度是始终大于或等于提出的操作模式下的角速度的。因此，该仿真对比可以证明，通过动作基元概念的引入，基于直观动作的操作模式能够有效地减少总的任务操作执行时间，从而大大增加操作人员的操作效率。

在实际的现场调试中，采用工程机械领域广泛使用的 GARF-SYTECO 编程环境用 C 语言对提出的操作模式进行控制程序的编写。图 8.19 为该编程环境的示意图。编写的控制图形用户界面(GUI)如图 8.20 所示。另外，还可以查看实时反馈的双臂各个关节的转角、操纵杆输入的信号值以及各个关节驱动油缸的伸长缩短量，相应的用户界面如图 8.21 和图 8.22 所示。

图 8.19　GARF-SYTECO 编程环境示意图

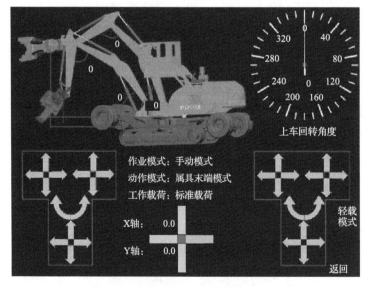

图 8.20　控制器图形用户界面示意图

左摆动清零	左主臂摆动角度	0	左手柄 X 轴	0	右摆动清零
	左主臂变幅角度	0	左手柄 Y 轴	0	
左主变幅清零	左副臂变幅角度	0	左手柄 Z 轴	0	右主变幅清零
	左属具变幅角度	0	右手柄 X 轴	0	
左副变幅清零	右主臂摆动角度	0	右手柄 Y 轴	0	右副变幅清零
	右主臂变幅角度	0	右手柄 Z 轴	0	
回转角度清零	右副臂变幅角度	0			左属变幅清零
	右属具变幅角度	0			
	上车回转角度	0			右属变幅清零

下一页　　　返回

图 8.21　双臂各个关节转角以及操纵手柄输入信号查看界面

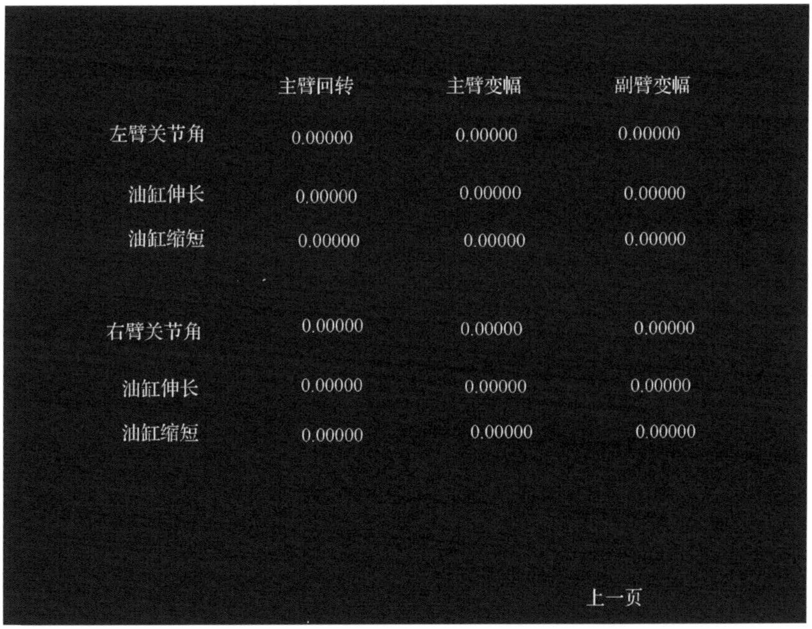

	主臂回转	主臂变幅	副臂变幅
左臂关节角	0.00000	0.00000	0.00000
油缸伸长	0.00000	0.00000	0.00000
油缸缩短	0.00000	0.00000	0.00000
右臂关节角	0.00000	0.00000	0.00000
油缸伸长	0.00000	0.00000	0.00000
油缸缩短	0.00000	0.00000	0.00000

上一页

图 8.22　关节驱动油缸的伸长缩短量查看界面

对提出的属具位置操作模式进行了现场测试，双臂测试的现场操作如图 8.23 所示。

图 8.23　救援工程机械左右双臂的属具位置操作模式现场测试图

8.7　本章小结

　　本章将动作基元的有关思想拓展于拟人臂机器人领域之外的救援工程领域，以期通过基于直观的基于动作的操作模式能够减轻操作人员对多自由度工程机械的操作认知负担，减少复杂任务作业的时间，从而提高操作效率。首先，介绍了基于动作库的拟人双臂的运动规划和控制框架，并将该框架应用于救援工程机械领域。对救援工程机械所面临的主要救援任务进行了操作序列和动作序列的分解，总结归纳出使用频率较高的两个直观的动作基元，并将这两个动作基元与其他单关节动作元素一起设计为救援工程机械专属的动作库。然后，将这个动作库应用于参与研制的智能型双臂手系列化救援工程机械产品，就实际当中所遇到的双臂协调操作人机接口设计、动作基元所对应的操作模式具体实现以及双臂避碰监控等核心问题展开了研究。最后，进行了相关的仿真演示和实验测试，结果表明引入动作基元概念的直感式动作操作模式能够大大减少复杂作业任务的完成时间，有效提高操作人员的操作效率。实际上，从广义上来说，动作基元概念在工程机械领域中的应用也可以看成一种拟人臂运动特征在非拟人臂上的异构技巧迁移。

参 考 文 献

[1] DLR. Rollin' Justin[EB/OL]. https://www.dlr.de/rm/en/desktopdefault.aspx/tabid-11427/20018_read-46804[2019-09-08].

[2] NASA. Robonaut 2[EB/OL]. https://robonaut.jsc.nasa.gov/R2[2019-09-08].

[3] Yamada Y, Nagamatsu S, Sato Y. Development of multi-arm robots for automobile assembly[C]. International Conference on Robotics and Automation, Nogoya, 1995: 2224-2229.

[4] Zheng Y F, Chen M Z. Trajectory planning for two manipulators to deform flexible beams[J]. Robotics Autonomous Systems, 1994, 12(1-2): 55-67.

[5] Maitinshepard J, Cusumanotowner M, Lei J, et al. Cloth grasp point detection based on multiple-view geometric cues with application to robotic towel folding[C]. International Conference on Robotics and Automation, Anchorage, 2010: 2308-2315.

[6] Mukai T, Hirano S, Nakashima H, et al. Development of a nursing-care assistant robot RIBA that can lift a human in its arms[C]. IEEE/RSJ International Conference on Intelligent Robots and Systems, Taipei, 2010: 5996-6001.

[7] Smith C, Karayiannidis Y, Nalpantidis L, et al. Short survey: Dual arm manipulation—A survey[J]. Robotics and Autonomous Systems, 2012, 60(10): 1340-1353.

[8] Wimböck T, Ott C. Dual-arm manipulation[J]. Springer Tracts in Advanced Robotics, 2012, 76(10): 353-366.

[9] Fang C, Ding X. A novel movement-based operation method for dual-arm rescue construction machinery[J]. Robotica, 2016, 34(5): 1090-1112.

[10] Hartenberg R S, Denavit J. A kinematic notation for lower pair mechanisms based on matrices[J]. Journal of Applied Mechanics, 1955, 77(2): 215-221.

附　　录

附录 1　机械臂正运动学求解各个理论杆件端点坐标

在每一个控制周期，首先检测左右臂架的各个关节的转角值，即已知图 8.11 中的 θ_{l1}、θ_{l2}、θ_{l3}、θ_{l4}、θ_{l5}、θ_{r1}、θ_{r2}、θ_{r3}、θ_{r4}、θ_{r5}。其中 θ_{l1} 表示左臂主臂摆动的理论运动学转角，θ_{r1} 表示右臂主臂摆动的理论运动学转角，下脚标 l、r 用以区分左、右臂。通过臂架的正运动学规律可以得到左右臂各个理论连杆端点位置坐标：$\boldsymbol{O}_{12}$、$\boldsymbol{O}_{13}$、$\boldsymbol{O}_{14}$、$\boldsymbol{O}_{15}$、$\boldsymbol{O}_{16}$、$\boldsymbol{O}_{r2}$、$\boldsymbol{O}_{r3}$、$\boldsymbol{O}_{r4}$、$\boldsymbol{O}_{r5}$、$\boldsymbol{O}_{r6}$。具体数学表达式为

$$\boldsymbol{O}_{12}=\begin{pmatrix} l_1c_{l1} \\ l_1s_{l1}+l_0 \\ 0 \end{pmatrix}, \quad \boldsymbol{O}_{13}=\begin{pmatrix} c_{l1}(l_1+l_2c_{l2}) \\ s_{l1}(l_1+l_2c_{l2})+l_0 \\ l_2s_{l2} \end{pmatrix}$$

$$\boldsymbol{O}_{14}=\begin{pmatrix} c_{l1}(l_1+l_2c_{l2}+l_3c_{l23}) \\ s_{l1}(l_1+l_2c_{l2}+l_3c_{l23})+l_0 \\ l_2s_{l2}+l_3s_{l23} \end{pmatrix}, \quad \boldsymbol{O}_{15}=\begin{pmatrix} c_{l1}(l_1+l_2c_{l2}+l_3c_{l23}+l_4c_{l234}) \\ s_{l1}(l_1+l_2c_{l2}+l_3c_{l23}+l_4c_{l234})+l_0 \\ l_2s_{l2}+l_3s_{l23}+l_4s_{l234} \end{pmatrix}$$

$$\boldsymbol{O}_{16}=\begin{pmatrix} c_{l1}(l_1+l_2c_{l2}+l_3c_{l23}+l_4c_{l234})+l_{l5}\left(c_{l1}c_{l234}c_{l5}-s_{l1}s_{l5}\right) \\ s_{l1}(l_1+l_2c_{l2}+l_3c_{l23}+l_4c_{l234})+l_{l5}\left(s_{l1}c_{l234}c_{l5}+c_{l1}s_{l5}\right)+l_0 \\ l_2s_{l2}+l_3s_{l23}+l_4s_{l234}+l_{l5}s_{l234}c_{l5} \end{pmatrix}$$

$$\boldsymbol{O}_{r2}=\begin{pmatrix} l_1c_{r1} \\ l_1s_{r1} \\ 0 \end{pmatrix}, \quad \boldsymbol{O}_{r3}=\begin{pmatrix} c_{r1}(l_1+l_2c_{r2}) \\ s_{r1}(l_1+l_2c_{r2}) \\ l_2s_{r2} \end{pmatrix}$$

$$\boldsymbol{O}_{r4}=\begin{pmatrix} c_{r1}(l_1+l_2c_{r2}+l_3c_{r23}) \\ s_{r1}(l_1+l_2c_{r2}+l_3c_{r23}) \\ l_2s_{r2}+l_3s_{r23} \end{pmatrix}, \quad \boldsymbol{O}_{r5}=\begin{pmatrix} c_{r1}(l_1+l_2c_{r2}+l_3c_{r23}+l_4c_{r234}) \\ s_{r1}(l_1+l_2c_{r2}+l_3c_{r23}+l_4c_{r234}) \\ l_2s_{r2}+l_3s_{r23}+l_4s_{r234} \end{pmatrix}$$

$$\boldsymbol{O}_{r6}=\begin{pmatrix} c_{r1}(l_1+l_2c_{r2}+l_3c_{r23}+l_4c_{r234})+l_{r5}\left(c_{r1}c_{r234}c_{r5}-s_{r1}s_{r5}\right) \\ s_{r1}(l_1+l_2c_{r2}+l_3c_{r23}+l_4c_{r234})+l_{r5}\left(s_{r1}c_{r234}c_{r5}+c_{r1}s_{r5}\right) \\ l_2s_{r2}+l_3s_{r23}+l_4s_{r234}+l_{r5}s_{r234}c_{r5} \end{pmatrix}$$

其中，c 为 cos 的缩写，s 为 sin 的缩写，l_0 为左右主臂与上车转台回转铰点之间的距离。基坐标系选在右臂的 O_{10}，因此左臂各回转关节中心的 y 轴坐标都需加上一个 l_0。另外，由于所装的属具不同，左、右臂的 l_{l5} 和 l_{r5} 是不同的。

附录2　第8章定理1和定理2的详细证明

定理1　平面内两条不相交的线段之间的最短距离一定发生在端点处。

如图1所示，假设线段 AB 和 CD 之间的最短距离不发生在端点处，即最短距离 EF 的端点均在线段 AB 和 CD 的中间，那么 EF 一定为 E 点到线段 CD 的最短距离。如图2所示，一点到一条直线的最短距离一定为其到直线的垂线，因此存在这样五种情况：垂足在线段内、垂足在两个端点和垂足在两个端点之外。当垂足落在端点之外时，最短距离发生在邻近的线段端点，因此通过归纳全部五种情况不难总结出：当垂足落在线段内即最短距离发生在线段内时，该最短距离对应的线段一定垂直于目标线段。所以在图1中，由于 EF 为 E 点到线段 CD 的最短距离，E 点垂直于 CD；同理，F 点垂直于 AB。于是，可以推断出 AB 平行于 CD，也就是说，线段 AB 和 CD 之间的最短距离不发生在端点处的唯一情形就是 AB 平行于 CD，而由于它们平行，依然可以由端点之间的距离 AC 或 BD 来代替其之间的最短距离。

故定理得证。

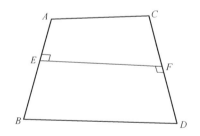

图1　两条线段之间的最短距离

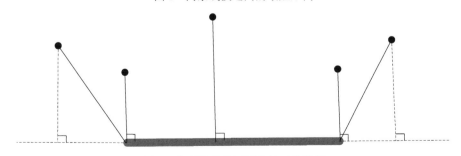

图2　点到线段最短距离的五种情况

定理 2 存在两条任意异面线段 AB 和线段 CD，作过 AB 且垂直于两条异面线段公垂线的平面 α，以及过 CD 且垂直于公垂线的平面 β，将 CD 投影到平面 α 上得到 $C'D'$，则异面两条线段之间的最短距离为 $C'D'$ 与 AB 之间的最短距离的平方加上平面 α 和平面 β 之间距离的平方再开根号。

如图 3 所示，由于线段 AB 上任意一点 E 和线段 CD 上任意一点 F 之间的距离都可以表达为 $EF=\sqrt{EF'^2+FF'^2}$，FF' 为平面 α 和 β 的距离，为恒定值，则线段 EF 和线段 EF' 的单调性是保持一致的，若 EF' 为同一平面内线段 AB 和 $C'D'$ 之间的最短距离，那么 EF 为异面线段 AB 和 CD 之间的最短距离。也就是说，异面直线 AB 和 CD 之间最短距离问题可以退化为寻找同一平面内线段 AB 和 CD 的投影线段 $C'D'$ 之间的最短距离。找到后经过上式的简单变换，就可以得到异面线段 AB 和 CD 之间的最短距离。

故定理得证。

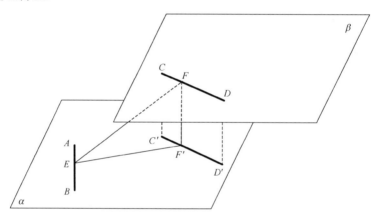

图 3   两条异面线段的最短距离

附录 3   空间任意两条线段之间最短距离详细算法

假设 $\boldsymbol{P}_A$、$\boldsymbol{P}_B$、$\boldsymbol{P}_C$、$\boldsymbol{P}_D$ 分别代表点 A、B、C、D 的位置矢量。

算法 1 识别不同情形的算法：

$$\boldsymbol{P}_{AC}=\boldsymbol{P}_C-\boldsymbol{P}_A,\ \boldsymbol{P}_{BC}=\boldsymbol{P}_C-\boldsymbol{P}_B$$

$$\boldsymbol{P}_{AD}=\boldsymbol{P}_D-\boldsymbol{P}_A,\ \boldsymbol{P}_{BD}=\boldsymbol{P}_D-\boldsymbol{P}_B$$

if $\boldsymbol{P}_{AC}\times\boldsymbol{P}_{BC}=0$ and $\boldsymbol{P}_{AD}\times\boldsymbol{P}_{BD}=0$

    then 线段 AB 和线段 CD 共线

else if $\boldsymbol{P}_{AC}\times\boldsymbol{P}_{BC}=0$ or $\boldsymbol{P}_{AD}\times\boldsymbol{P}_{BD}=0$

    then 线段 AB 和线段 CD 共面

```
else
    if (P_AC × P_BC)×(P_AD × P_BD)= 0
```

$$\text{if } (\boldsymbol{P}_{AC} \times \boldsymbol{P}_{BC})\times(\boldsymbol{P}_{AD} \times \boldsymbol{P}_{BD})= 0$$

　　　　then 线段 AB 和线段 CD 共面

　　else

　　　　then 线段 AB 和线段 CD 异面

其中，符号×表示矢量之间的叉积。

算法2　当线段 AB 和 CD 共线时计算它们之间的最短距离 D_{m} 算法（一维情形）：

$$\boldsymbol{P}_{AB} = \boldsymbol{P}_B - \boldsymbol{P}_A, \quad \boldsymbol{P}_{CD} = \boldsymbol{P}_D - \boldsymbol{P}_C$$

$$l_{\max} = \max\left(\|\boldsymbol{P}_{AC}\|, \|\boldsymbol{P}_{BC}\|, \|\boldsymbol{P}_{AD}\|, \|\boldsymbol{P}_{BD}\|\right)$$

if　$l_{\max} \leqslant \|\boldsymbol{P}_{AB}\| + \|\boldsymbol{P}_{CD}\|$

　　then　$D_{\mathrm{m}} = 0$

else

　　then　$D_{\mathrm{m}} = \min\left(\|\boldsymbol{P}_{AC}\|, \|\boldsymbol{P}_{BC}\|, \|\boldsymbol{P}_{AD}\|, \|\boldsymbol{P}_{BD}\|\right)$

其中，符号 $\|\cdot\|$ 代表矢量的欧几里得长度。

算法3　当线段 AB 和 CD 共面时计算它们之间的最短距离 D_{m} 算法（二维情形）：

$$\angle BCA = \arccos\left(\frac{\|\boldsymbol{P}_{AC}\|^2 + \|\boldsymbol{P}_{BC}\|^2 - \|\boldsymbol{P}_{AB}\|^2}{2\|\boldsymbol{P}_{AC}\|\|\boldsymbol{P}_{BC}\|}\right)$$

$$\angle CAB = \arccos\left(\frac{\|\boldsymbol{P}_{AC}\|^2 + \|\boldsymbol{P}_{AB}\|^2 - \|\boldsymbol{P}_{BC}\|^2}{2\|\boldsymbol{P}_{AC}\|\|\boldsymbol{P}_{AB}\|}\right)$$

$$\boldsymbol{P}_{CA} = -\boldsymbol{P}_{AC}, \quad \boldsymbol{P}_{CB} = -\boldsymbol{P}_{BC}$$

if　$\dfrac{\boldsymbol{P}_{CB} \times \boldsymbol{P}_{CA}}{\|\boldsymbol{P}_{CB} \times \boldsymbol{P}_{CA}\|} = \dfrac{\boldsymbol{P}_{CD} \times \boldsymbol{P}_{CA}}{\|\boldsymbol{P}_{CD} \times \boldsymbol{P}_{CA}\|}$

　　then　$\angle DCA = \arccos\left(\dfrac{\boldsymbol{P}_{CA}}{\|\boldsymbol{P}_{CA}\|} \cdot \dfrac{\boldsymbol{P}_{CD}}{\|\boldsymbol{P}_{CD}\|}\right)$

else

　　then　$\angle DCA = -\arccos\left(\dfrac{\boldsymbol{P}_{CA}}{\|\boldsymbol{P}_{CA}\|} \cdot \dfrac{\boldsymbol{P}_{CD}}{\|\boldsymbol{P}_{CD}\|}\right)$

end

if　$0 \leqslant \angle DCA \leqslant \angle BCA$

　　if　$\|\boldsymbol{P}_{CD}\| \geqslant \|\boldsymbol{P}_{AC}\| \dfrac{\sin(\angle CAB)}{\sin(\pi - \angle CAB - \angle DCA)}$

　　　　then　$D_{\mathrm{m}} = 0$

　　else

　　　　then　$D_{\mathrm{m}} = \min\left(\min(A, CD), \min(B, CD), \min(C, AB), \min(D, AB)\right)$

else

　　then $D_{\mathrm{m}} = \min\big(\min(A,CD),\min(B,CD),\min(C,AB),\min(D,AB)\big)$

其中，符号 · 代表矢量之间的点积。而如符号 $\min(A,CD)$ 所代表的一点到一条线段的最短距离可以通过标准的方法来求解得到。

算法 4　当线段 AB 和 CD 异面时计算它们之间的最短距离 D_{m} 算法（三维情形）：

$$L = \frac{\boldsymbol{P}_{AB} \times \boldsymbol{P}_{CD}}{\|\boldsymbol{P}_{AB} \times \boldsymbol{P}_{CD}\|}$$

if $\boldsymbol{P}_{CA} \cdot \boldsymbol{L} > 0$

　　then $D_1 = \boldsymbol{P}_{CA} \cdot \boldsymbol{L}$

else

　　then $D_1 = -\boldsymbol{P}_{CA} \cdot \boldsymbol{L}$

$\boldsymbol{L} = -\boldsymbol{L}$

end

$\boldsymbol{P}_{C'} = \boldsymbol{P}_C + D_1\boldsymbol{L}$

$\boldsymbol{P}_{D'} = \boldsymbol{P}_D + D_1\boldsymbol{L}$

假设 D_2 代表线段 AB 和 $C'D'$ 之间的最短距离，该距离可以由算法 3 介绍的共面线段之间的最短距离求解得到，于是

$$D_{\mathrm{m}} = \sqrt{D_1^2 + D_2^2}$$

其中，$\boldsymbol{L}$ 表示线段 AB 和 CD 之间公垂线的单位方向矢量，而 D_1 表示平面 $\boldsymbol{\alpha}$ 和平面 $\boldsymbol{\beta}$ 之间的距离。